U0532786

一生必去的
世界遗产

走进亚洲

Das Erbe
Der Welt

Kunth Verlag Editorial Team

Asien

[德]坤特出版社 编
林琳 李牧翰 张皓莹 译

金城出版社
GOLD WALL PRESS

西苑出版社
XIYUAN PUBLISHING HOUSE

中国·北京

阿瑜陀耶历史公园内的柴瓦塔那兰寺。

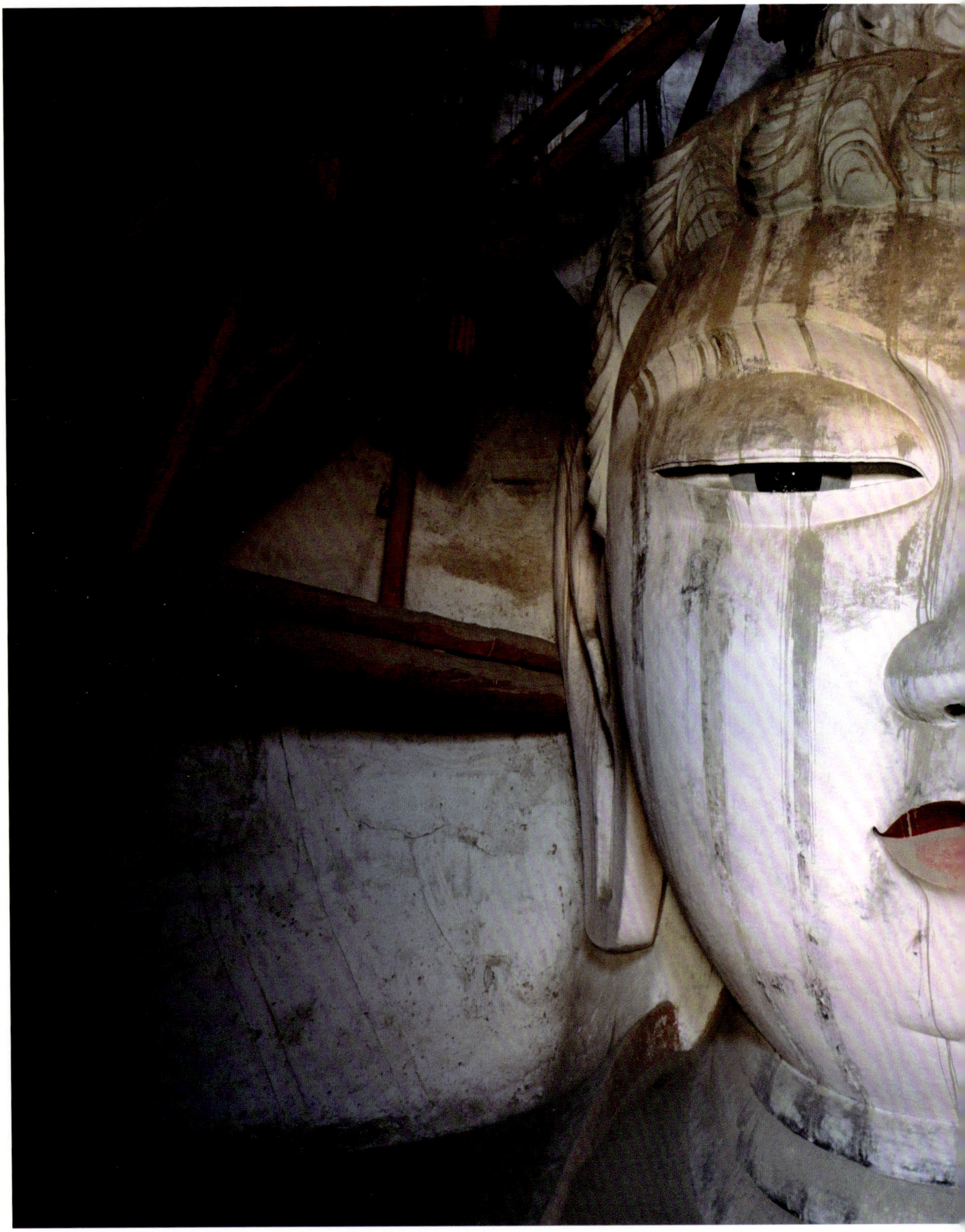

莫高窟又名"千佛洞",位于中国甘肃省敦煌市东南方向约25千米处。数以千计的壁画分布在将近500个洞窟中,洞内还有超过2000座雕塑,其中一部分色彩绚烂。莫高窟的佛像大小差距极大,图为第96窟巨型佛像。

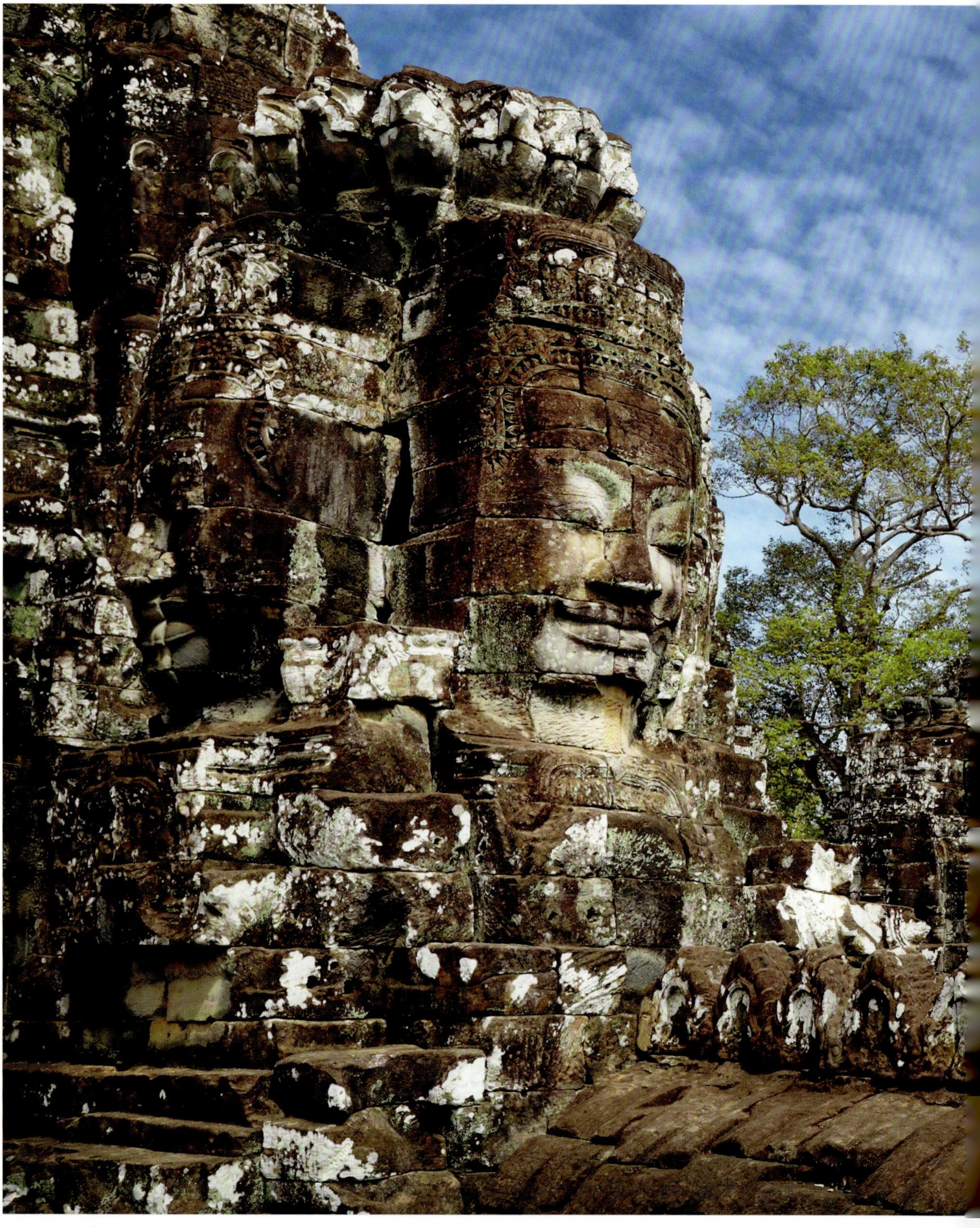

巴戎寺位于阇耶跋摩七世重建的高棉帝国国都吴哥城中央地带的圣地。穿过4座带有"佛面塔"的大门，即可进入这座四周筑有围墙的城市。这些外部刻有佛面的佛塔是吴哥城的标志，这种佛塔在这里一共有将近50座。

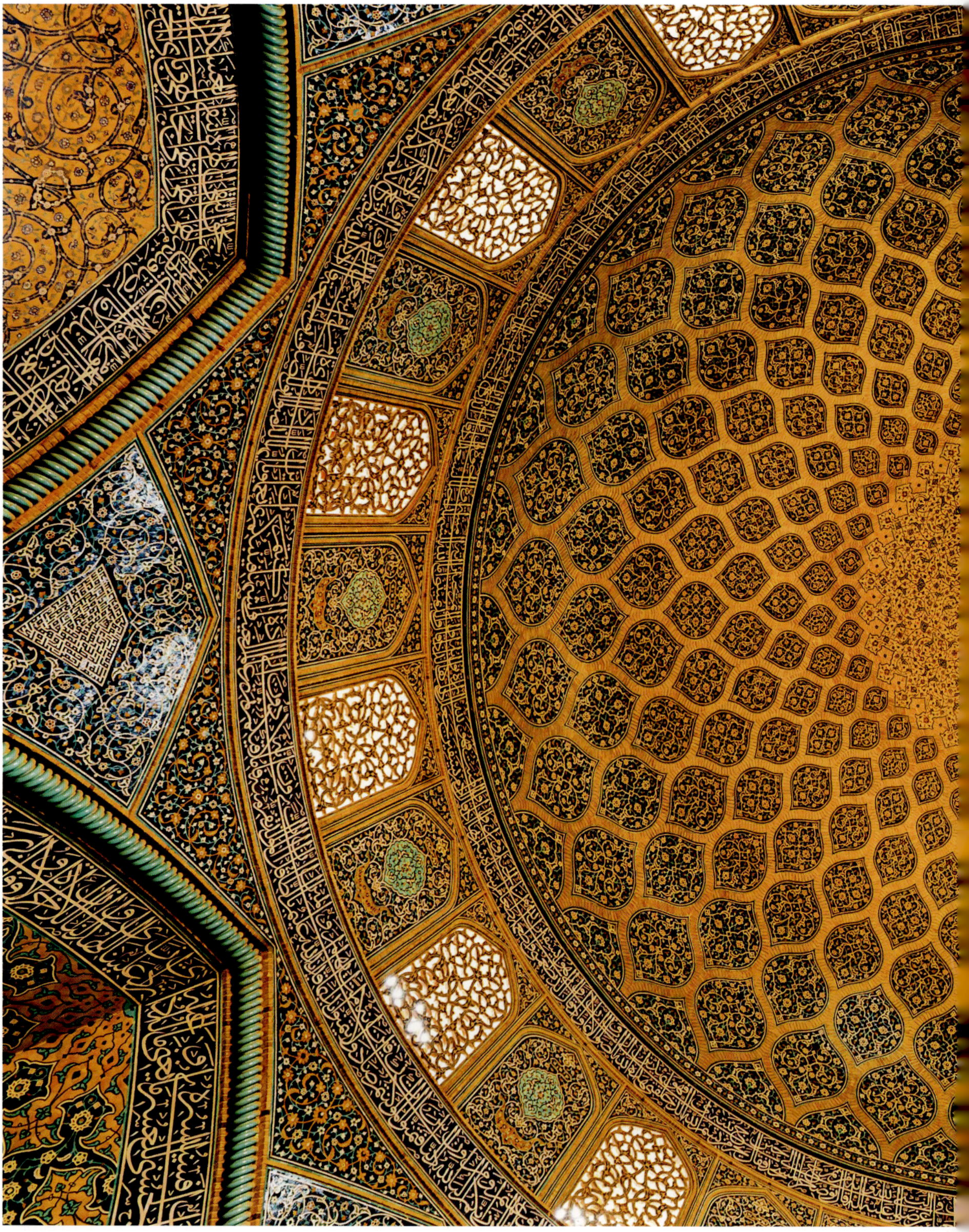

金碧辉煌的戈勒斯坦宫曾经是恺加王朝的统治者们在德黑兰的府邸。如今，伊朗首都的这块宝地已经被改建成一座博物馆。伊斯法罕谢赫·劳夫清真寺的天顶画同样瑰丽壮观，穹顶的面砖闪烁着缤纷的颜色。

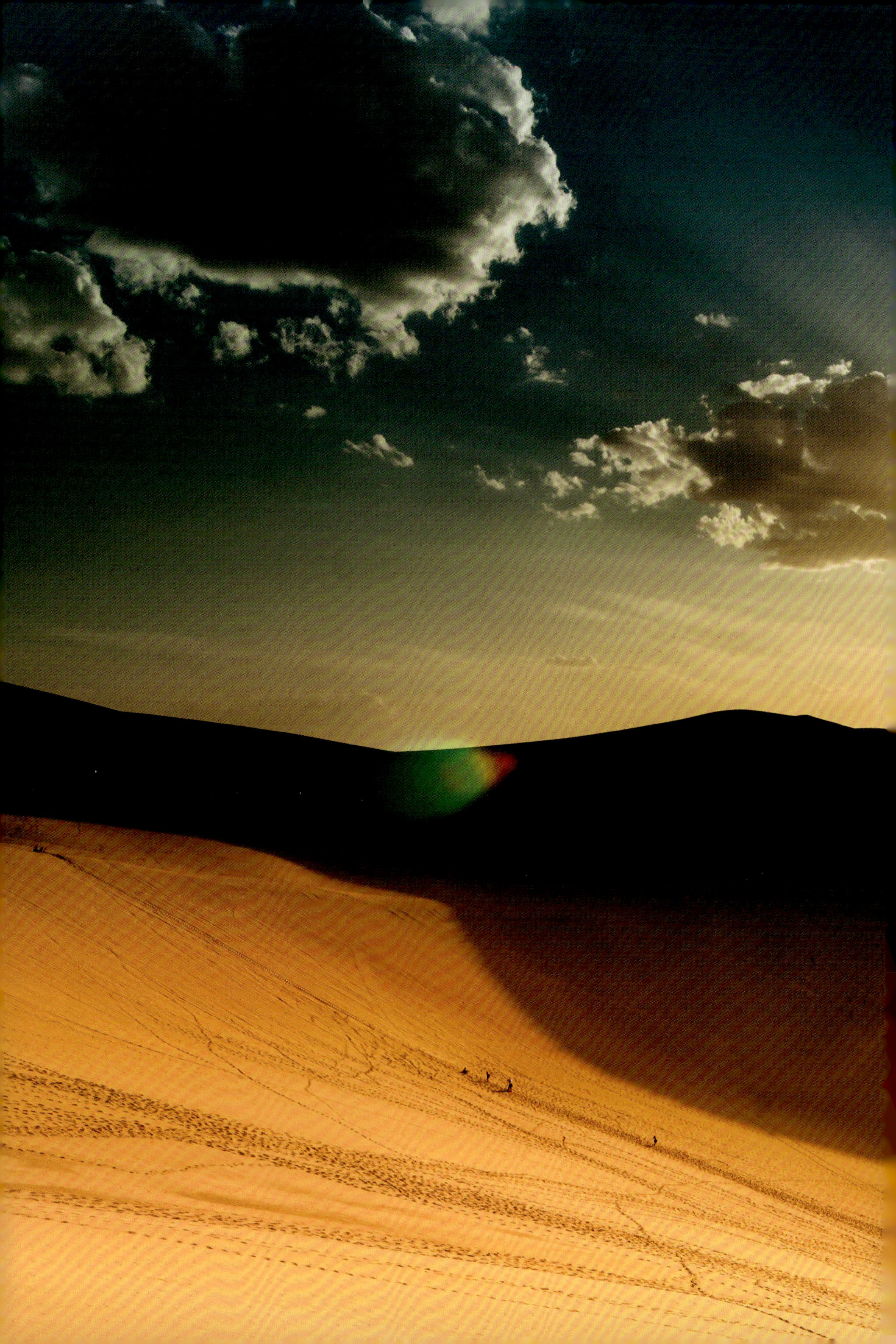

绿洲城市敦煌及其周边的沙漠景观绝对是丝绸之路上当之无愧的亮点。这片沙漠以"鸣沙山"著称。如今，沙子移动产生的声响已经不那么清晰可辨。一种解释认为，这可能与沙子中石英含量的变化有关。

早在 1972 年，总部位于巴黎且拥有 195 个成员国的联合国教育、科学及文化组织（以下简称"联合国教科文组织"）就通过了一项《保护世界文化和自然遗产公约》（以下简称《公约》）。在许多地方的生态环境面临危险、极其重要的历史见证几近消失的今天，保护这些"具有突出和普遍价值的文化和自然遗产"，比以往任何时候都更加迫在眉睫——从《公约》通过的那时起，这一遗产名录年年都在扩展。在"一生必去的世界遗产"系列书中，我们将为您介绍被列为世界遗产的上千处历史古迹与自然名胜。从里加老城到格拉纳达阿尔汉布拉宫，再到横跨三国的瓦登海自然保护区；从中国长城到埃及金字塔；从美国大峡谷到非洲维多利亚瀑布……本系列收录的

世界遗产按照大洲和国家的顺序进行排列,在同一区域中,则按照由北至南的顺序排列。我们还配有关于文化历史与自然地理主题的短文,使得这些全方位的介绍信息更加充分、翔实。

一生必去的世界遗产
系列

▼ 应顺山的越南阮朝启定帝陵寝修建于 1920 年至 1931 年。

中国古代的巨大界墙是前现代历史中最宏大的建筑工程。庞大的金山岭长城位于北京东北方，距离北京城仅约120千米。这段长城还较少有人问津，尚未像八达岭等段一样被参观的人潮挤得水泄不通。

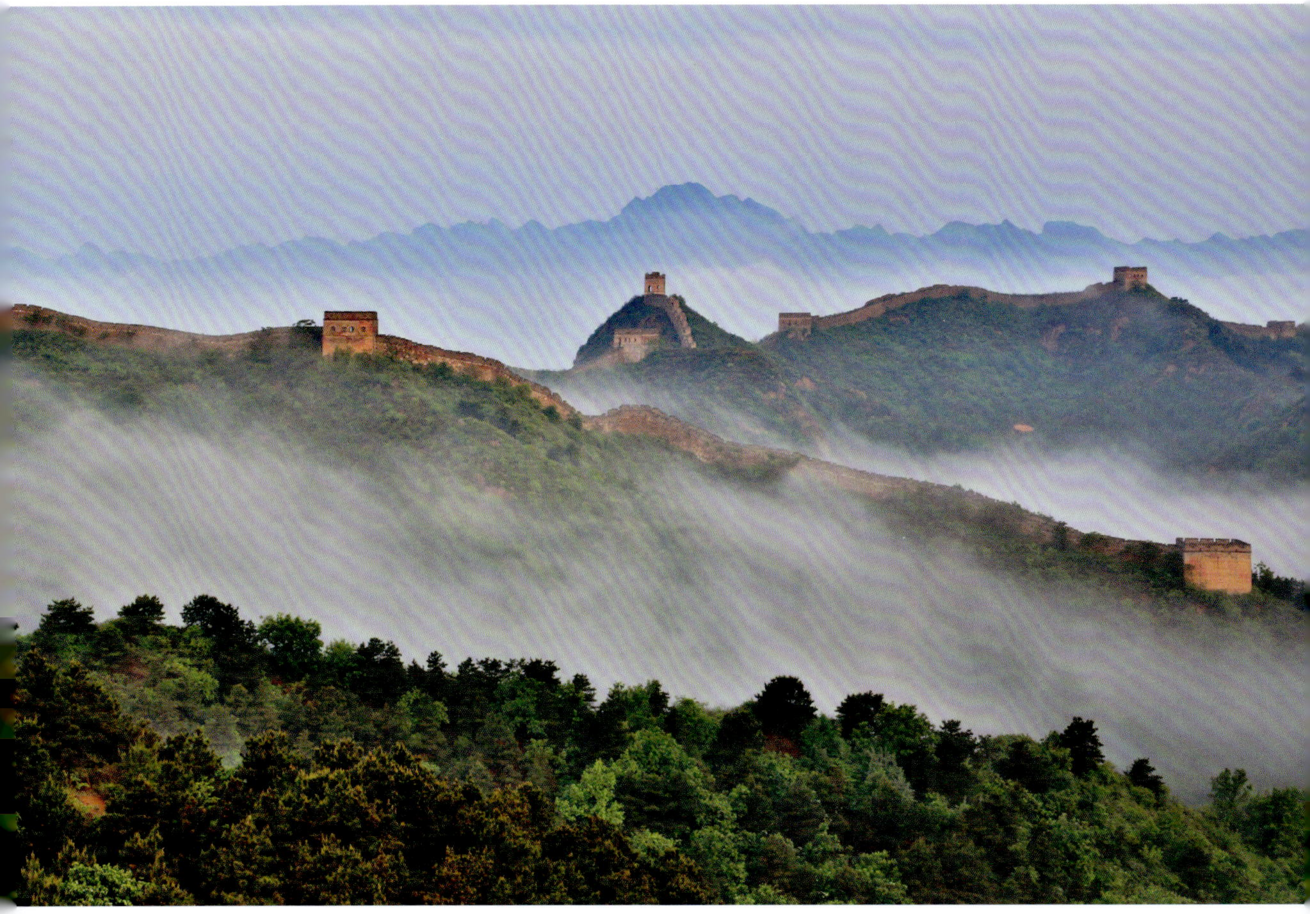

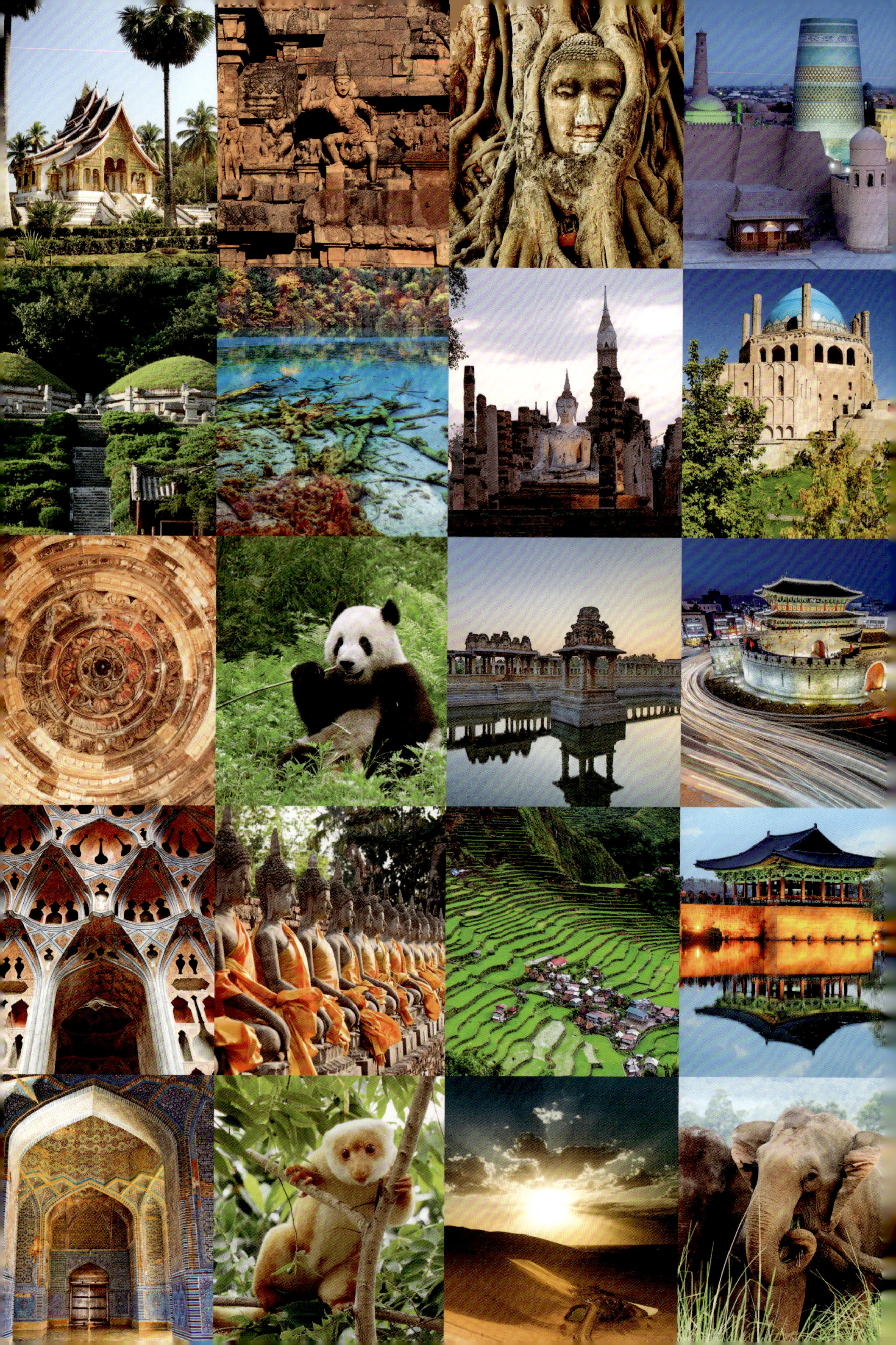

CONTENTS 目录

西亚和中亚·001

- 002 | 叙利亚
- 006 | 黎巴嫩
- 010 | 以色列、巴勒斯坦
- 024 | 约旦
- 032 | 沙特阿拉伯
- 034 | 巴林
- 035 | 卡塔尔
- 035 | 阿拉伯联合酋长国
- 036 | 阿曼
- 038 | 也门
- 044 | 伊拉克
- 046 | 伊朗
- 066 | 哈萨克斯坦
- 068 | 乌兹别克斯坦
- 074 | 土库曼斯坦
- 077 | 吉尔吉斯斯坦
- 078 | 塔吉克斯坦
- 080 | 阿富汗

东亚·083

- 084 | 蒙古
- 088 | 中国
- 128 | 朝鲜、韩国
- 138 | 日本

南亚和东南亚·163

- 164 | 巴基斯坦
- 170 | 印度
- 204 | 尼泊尔
- 210 | 孟加拉国
- 212 | 斯里兰卡
- 220 | 缅甸
- 221 | 泰国
- 232 | 老挝
- 236 | 柬埔寨
- 240 | 越南
- 252 | 菲律宾
- 256 | 马来西亚
- 259 | 新加坡
- 260 | 印度尼西亚

◀ 叙利亚大马士革的赛义达-鲁凯亚清真寺内景。

▼ 约旦瓦迪拉姆沙漠的岩层以其绚丽的色彩而闻名于世。

西亚和中亚

叙利亚

叙利亚北部古村落群

橄榄的种植为叙利亚北部石灰岩山区的古老村庄带来了富足。这项世界遗产包括散落于8个考古公园的大约40个村庄及其他景点，如西梅翁斯修道院。

▲ 古典时代晚期的定居点鲁维哈曾是叙利亚杰贝勒·扎维耶地区东部的重要市场。

古典时期，人们将叙利亚北部的石灰岩山区称为"贝洛斯"或"贝拉斯"。其在岩石使用上最突出的特点是采用方石技术且无须使用混凝土，这为最简单的建筑物赋予了极强的韧性。因此，如今的考古学家在该地区发现了一些独特的情况：在这片大约长150千米、宽40千米的区域中，存留了数百个古代遗址，这使得重建整个古代景观成为可能。这里的村庄曾经居住了很多说希腊语的上层阶级，他们于1世纪末或2世纪初在这里发展农业。橄榄的种植带来了经济繁荣；发达的基础设施又保障了橄榄油的顺利出口。新一轮的兴旺推动了建筑活动的蓬勃发展——即使当时兴建的小型村庄通常仅有一座教堂和一座油坊。自2013年以来，由于持续的内战和极端恐怖组织"伊斯兰国"的袭击，这些遗址被列为濒危的世界遗产。

武士堡和萨拉丁堡

圣约翰骑士修道会堡垒——武士堡和萨拉丁堡见证了当年基督徒与穆斯林持续长达3个世纪的冲突。

▲ 武士堡是迄今保存最完好的"十字军东征"时期的防御工事之一。

武士堡在霍姆斯平原上清晰可见，高耸于阿拉威特山南麓、海拔755米的杰贝尔·哈利勒山上。霍姆斯酋长于1031年下令在此处建造了第一座城堡，1142年，该城堡落入圣约翰骑士之手。他们将其改建为一座现代的军事要塞。在"十字军东征"期间，它是由城镇和城堡组成的交流链中的一部分，以便沿线军队能互通讯息。直至1271年，马木留克苏丹拜伯尔斯才强行收回了这座军事要塞。拉塔基亚偏东的萨拉丁堡位于三面临峡谷的山脊之上，拜占庭人于975年占领了最初的城堡建筑，并且将其改建为巨大的堡垒。军队曾在12世纪驻扎于此，直至1188年苏丹萨拉丁征服此地。

▲ 阿勒颇集市在2012年被摧毁之前的影像。

阿勒颇古城

早在公元前 3 世纪便有人居住在位于今叙利亚西北部的阿勒颇古城。持续的内战使得阿勒颇古城的大部分建筑遭到破坏，许多历史悠久的文化古迹就此亡佚。

拥有 5000 年历史的阿勒颇（别名"哈拉卜"）是世界上最古老的长期聚居点之一。早在公元前 10 世纪，在如今遭到严重损毁的堡垒遗址上便已经建立起叙利亚—赫梯人的寺庙建筑群。在公元前 3 世纪塞琉古王朝统治的城市新建时期，人们在山地高原上修建了第一座堡垒。该城堡自 13 世纪后期以来未有改变。作为当地的星期五清真寺，倭马亚王朝清真寺在 715 年左右建于古罗马集市原址上，在此后几个世纪中被人们反复重建。装饰精美的宣礼塔建于 11 世纪末塞尔柱克人统治时期，是叙利亚建筑的代表之作，后在 2013 年战争期间倒塌。2012 年，麦地那集市的大部分区域在大火中

▲ 一座拱桥通向城堡的上部，夜空中灯火辉煌。

化作灰烬。同时被摧毁的还包括阿勒颇古城中颇为闻名的许多中世纪伊斯兰学校、宫殿、荒漠旅店和公共浴室等。

帕尔米拉古城遗址

2016年3月末,"伊斯兰国"被驱逐出帕尔米拉古城后,联合国教科文组织确认,这片古老遗址尽管遭到严重破坏,但仍作为整体得以存留。

帕尔米拉古城(如今的塔德木尔)的鼎盛时期恰逢罗马人在历史舞台上登台亮相之时。这座绿洲城市是南北向和东西向的荒漠商队路线的枢纽,卡拉卡拉皇帝将其变为罗马殖民地时,它获得了经济上的重要地位。帕尔米拉在丝绸之路上获得了巨额利润,并且因此得以迅速积累大量财富。芝诺比娅从267年起统治叙利亚。当时叙利亚为罗马行省,她却与罗马人为敌,于3世纪在帕尔米拉建成了一处宏伟的宅邸,将受古希腊影响的东方文化与帕提亚人、罗马人的文化融合在一起。一座剧场、一处集市以及"坟墓谷"中的塔墓和地下墓葬见证了高度发达的帕尔米拉艺术。遗憾的是,巴力神庙遭到"伊斯兰国"破坏,巴尔夏明神庙已被炸毁。

▲ 在古罗马剧场中,游客一度可以观看戏剧,以及角斗士、动物之间的斗兽表演。

▲ 一条石柱街曾穿过整个帕尔米拉古城,石柱街的起点是哈德良拱门。

大马士革古城

大马士革拥有 4000 多年的历史，是世界上最古老的城市之一。其悠久的历史与《旧约》所述历史及伊斯兰历史有着千丝万缕的联系。

据说先知穆罕默德曾经拒绝拜访大马士革，因为他不想在进入天国之前踏入任何其他天堂。古城中宏伟的清真寺、色彩缤纷的集市和宫殿建筑群十分夺人眼球，直至今日一直保存得十分完好，未遭破坏。

自 8 世纪以来，这座古城的景象一直呈现为伊斯兰风格。705 年——正值倭马亚王朝统治的鼎盛时期——人们在原基督教教堂的基础上修建了大清真寺。

大清真寺是最古老的伊斯兰礼拜堂之一。它不仅是倭马亚王朝建筑风格的体现，还引领了伊斯兰建筑艺术的风向。倭马亚大清真寺紧挨着该市著名的集市群，其中以有顶的哈米迪亚集市最为出名，

▲ 狭窄的街道是大马士革古城最突出的特征。即使从远处眺望，倭马亚清真寺（以上两幅图片）依然清晰可辨。在 705 年改建之前，它是基督教教堂。

其他还包括无数伊斯兰建筑的瑰宝，如建于 1154 年的努里医院、努瑞丁清真寺学校和 1193 年修建的萨拉丁陵墓。

布斯拉古城

这座叙利亚南部强大的贸易城市位于通往红海的主要路线上，它曾是重要的文化中心，拥有宏伟的宫殿和雄伟的圆形剧场。

▲ 布斯拉的古罗马剧场在塞尔柱克和阿尤布统治时代被改建为堡垒。

这座由纳巴泰人建立的城市曾是游牧民族的重要贸易枢纽。它于公元前106年被罗马人占领，在罗马人的统治下经历了鼎盛时期。罗马皇帝图拉真将布斯拉设为阿拉伯行省的首府，并且将其作为商业都市的代表进行扩建。在罗马帝国陷落之后，布斯拉作为主教城市仍然扮演着重要的角色。在伊斯兰统治时期，它作为行政中心的同时，亦是从大马士革到麦加的朝圣路线上重要的庇护所。如今布斯拉仍然保留着古罗马时期、基督教早期和伊斯兰时期众多令人印象深刻的古迹。其中，古罗马圆形剧场是世界上保存最完好的古罗马剧场之一，曾在中世纪时被改建成了阿拉伯堡垒。

伊斯兰建筑中最美丽的作品当属星期五清真寺和马布拉克清真寺，两者均建于12世纪。自2012年以来，布斯拉地区战乱不断，建筑遭受严重破坏。

黎巴嫩

瓦迪·卡蒂沙和神杉林

拥有一众岩石修道院的圣谷瓦迪·卡蒂沙是基督教早期重要遗址之一。在其附近有着该国最著名的森林——神杉林，林中雄伟的雪松被誉为黎巴嫩的象征。

漫长的圣谷瓦迪·卡蒂沙距首都贝鲁特约120千米。这里虽然与世隔绝，却发展出震撼人心的景观。基督教早期，修士们在此建立了岩石教堂和修道院，如卡努宾修道院。希夫塔街边的卡蒂沙石窟拥有令人印象深刻的钟乳石构造。春天时，瀑布从山洞中奔涌而出。不远处的雪松森林被称为"神杉林"。在该国最高峰——海拔3088米的库尔纳特山的荫蔽下，海拔1950米处约有375棵雪松。据说其中两棵已有约3000年的历史，可追溯到所罗门王在耶路撒冷用雪松建造宫殿和庙宇的那段时间。木材曾经是这里广受欢迎的出口商品。

◀ 整片雪松森林曾遍布今日的黎巴嫩地区，然而只有库尔纳特山上的森林较为完整地留存至今。

安杰尔考古遗址

安杰尔考古遗址位于贝鲁特以北58千米处，城中曾有一座宫殿。8世纪，倭马亚王朝的哈里发瓦利德一世下令按照罗马城市的范例修建该城。该考古遗址是倭马亚王朝统治者规划城市建设的唯一见证。

当规划宫殿城市安杰尔时，哈里发瓦利德一世的眼前浮现出了一个以罗马城市为范本的理想城市：严格的几何布局使得其平面图看起来近似一个边长约200米的正方形，4个城门都以圆塔进行加固，在早些年间为这座被城墙包围的城市的进出通行提供了安全保障。按照罗马城市的惯例，两条主要轴线——南北走向中轴线（Cardo）和东西走向中轴线（Decumanus）——将该城市平均分为四等分；城市布局呈棋盘结构，街道上装饰着大型柱廊。位于两轴交叉处、被分为四部分的拱形纪念碑——四柱塔是市中心的标志。城市东南部的倭马亚统治者哈里发瓦利德一世的宫殿如今已得到部分修

▲ 遗址中拱形建筑和宏伟的拱廊遗迹围绕着曾经的安杰尔主街道。这无疑是这座宫殿城市在城市规划时汲取了罗马范例的灵感的力证。

复，其北部建有清真寺，再往北便是供女性居住的小寝宫；南北走向中轴线另一侧是在宫殿服务的仆人们的居住区。

比布鲁斯遗迹

地中海的比布鲁斯是最古老的腓尼基城市之一，在青铜时代就已经拥有黎凡特最重要的港口，后成为十字军驻地。

如今，位于贝鲁特以北沿海岸的比布鲁斯（现在的朱拜勒）是"十字军东征"时期城堡废墟山脚下的一个迷人的渔港。早在公元前3000年，这座腓尼基港口城市就已经成了美索不达米亚和地中海之间的商品贸易枢纽，可谓如日中天。城市女神巴拉特的庙宇始建于约公元前2800年。后来，其他庙宇也相继落成。阿加德人称这座城市为"葛布拉"，腓尼基人称之为"盖巴勒"，两个名字均为"船"的意思。船是比布鲁斯的财富的重要后盾，因为比布鲁斯在当时是出口到埃及的黎巴嫩雪松的重要装载点——发掘于吉萨的胡夫金字塔旁边的法老驳船也由雪松木制成，据说其颇为典型的气味也得以留存——同时，进口贸易也络绎不绝，进口商品包括

▲ 比布鲁斯的方尖碑神庙源自公元前1600年左右。

雪花石膏、黄金和莎草纸等。该城的希腊名"比布鲁斯"（意为"书写材料"）可能就源自莎草纸贸易。公元前332年，亚历山大大帝征服了这座城市并将其希腊化。

巴勒贝克遗址

贝卡谷地中神庙的巨型柱子及其遗址是西亚罗马建筑艺术最大的标志之一。

▲ 朱庇特神庙是按照科林斯柱式建造的。

"巴勒贝克"（意为"贝卡谷地之主"）这个名字可以追溯到腓尼基时期，也是此地建设的时间。在公元前3世纪和公元前2世纪的塞琉古-古希腊时代，这个地方被称为"希利奥波利"，即"太阳城"。这一时期的岩洞墓穴被保存了下来。然而，最重要的遗迹是罗马人在公元前15年由奥古斯都大帝下令建造的：朱庇特神庙规模宏大，是古希腊罗马时期最大的神庙建筑群之一。神庙建筑于腓尼基祭祀场所的遗址之上，并且在两个世纪的时间里不断扩建。除雪松之外，神庙中保留至今的6座20米高的柱子也是黎巴嫩的象征。巴卡斯神庙建于2世纪，是罗马建筑风格的杰出代表作品，也是西亚保存最完好的古希腊罗马庙宇建筑。虽然它是祭祀场所中最小的寺庙，但规模也在雅典卫城之上。巴勒贝克还以其巨大的石块闻名，这些石块是建立这座神庙城市的基础。

▲ 几乎被完整保存下来的巴卡斯神庙的历史可追溯至2世纪上半叶。

▲ 海滩上的柱子为古希腊罗马时期竞技场废墟的一部分。

提尔城遗址

在腓尼基人统治时期，位于如今的黎巴嫩最南端的提尔城（今名"苏尔"）是地中海地区最重要的港口城市之一。城中最著名的建筑主要源于罗马时期。

腓尼基人在紫色染料的交易中获利颇丰。数千年来，这种从紫色蜗牛腺体分泌物中提取的染料价格一直居高不下，常常需要以数量不少的黄金来交换。在古希腊罗马时期，腓尼基的提尔市是紫色颜料的独家产地，因此始终无法摆脱外来势力的觊觎。在经历了一场持续多年的围困后，提尔市向尼布甲尼撒的军队投降。公元前332年，亚历山大大帝的士兵征服了这座港口城市。公元前1世纪，这座城市又被罗马人占领。城市中最重要的建筑古迹可以追溯到罗马人占领时期。其中，帝王城和大墓地是两个最为重要的考古遗址。前者包括腓尼基城墙的遗迹——主要是罗马列柱大街和温泉浴场、拜占庭时期的遗址和十字军大教堂。

▲ 著名的凯旋门矗立在城门前的墓地中。

以色列、巴勒斯坦

阿卡古城

1104年，十字军骑士鲍德温一世攻占了被围困了许久的阿卡城。1191年，耶路撒冷陷落，在此后的一个世纪里，这座坐落于海法湾的城市一直为十字军占据。

奥斯曼人在18世纪将这座十字军骑士城堡改建为一座巨大的堡垒——拿破仑曾围攻此地长达61天，但以失败告终。据说他曾大喊"得阿卡城者得世界"——这也是以色列最后一座十字军堡垒。1291年，阿卡城沦陷，开启了一段动乱的历史：在之后的几个世纪里，马穆鲁克人、倭马亚人、贝都因人和奥斯曼人先后在此称霸。18世纪时，为了加强对这座雄伟的大都市的防御，奥斯曼人建立起了高大的城墙。阿卡古城是伊斯兰城市规划的典范，其范围包括建立在十字军时期建筑的遗址之上的奥斯曼堡垒、众多清真寺（如18世纪建于一座土耳其洛可可风格的十字军大教堂基础之上的艾哈迈德·贾扎尔清真寺）、可汗乌姆丹商旅客栈以及奥斯曼帝国时期的建筑（其中一些建筑直接建于这座城市的废墟之上）。

▲ 阿卡城中坚固的奥斯曼城墙保护了港口和城市免受攻击。

海法和西加利利的巴海圣地

这里共有26座建筑、多个纪念碑和分布于11个地点的其他遗址被宣布列为世界遗产。其中大部分位于海法的一个大花园里。

巴哈伊信仰起源于伊朗。1844年，一个叫"巴孛"（阿拉伯语"大门"）的男人自称是主的使者，并且宣称有一位宗教创始人即将到来。巴哈乌拉（阿拉伯语"主的荣耀"）就是这个宗教创始人。这两人与伊朗的宗教和世俗统治者发生了冲突：巴孛被处决，巴哈乌拉则被流放到阿卡城。

1892年巴哈乌拉去世后，巴哈伊教徒开始将他们的活动中心扩展至位于海法的迦密山及其周边地区。巴海的主要建筑是为巴孛建造的宏伟陵寝，通往巴孛陵墓的露天长楼梯两侧建有19座平台。此外，还有一些新古典主义风格的行政建筑、一座档案馆和其他宗教建筑。阿卡城最重要的巴哈伊教场所是巴哈乌拉圣陵。

▲ 巴孛的陵寝及其雄伟的圆顶是海法迦密山空中花园的建筑基点。

贝特沙瑞姆大型公墓

这处大型人造地下公墓被认为是古希腊罗马时期犹太人的重要遗产,是在耶路撒冷第二圣殿于 70 年被毁后犹太文化复兴的象征。

这处公墓由 30 多个地下墓穴组成,人们在其中发现了非常具有艺术性的希伯来语、阿拉姆语和希腊语铭文。这座大型公墓建于公元前 1 世纪的贝特沙瑞姆市。在耶路撒冷圣殿被毁之后,犹太公会就定址于此。备受尊崇的犹太教经师、犹太公会的领导人犹大·哈-纳西曾首次以文字的形式写下了《摩西五经》,在他选择了这座城市作为他的埋葬地点后,来自巴勒斯坦各地的犹太人都希望安葬在这里。铭文表明,2 世纪至 4 世纪,这里不仅是周边地区犹太人的安息之地,甚至有来自提尔市或帕尔米拉市等城市的人埋葬在这里。地下墓穴中装饰有刻在岩石上的宗教符号和图画。公墓自 20 世纪 30 年代以来向公众开放,如今是贝特沙瑞姆国家公园的一部分。

▲ 352 年,在一次犹太人反抗罗马总督的起义后,这座古希腊罗马时期的城市惨遭摧毁。

迦密山人类进化遗址

在以色列西北部一处占地面积仅有54公顷的考古遗址内出土的考古发现,为人类自旧石器时代以来的进化历程提供了证据。这些发现无论是在时间跨度上还是就时间密度而言,都是独一无二的。

在海法市边的迦密山西坡上,有塔邦、贾马尔、艾瓦德和斯虎尔 4 个相邻的洞穴。自 1928 年以来,这里主要的考古发现有:尼安德特人和智人的遗骸,旧石器时代首次有意识的埋葬行为,以及首次尝试用石头建造持久性建筑的证据。这些考古发现跨越的时间范围为从旧石器时代的阿舍利文化(距今已有大约 50 万年),到莫斯特文化(约公元前 12 万年至公元前 4 万年),直至新石器时代的纳图夫文化(公元前 1.5 万年至公元前 1.15 万年)。这些证据记录了人类从游牧文明发展成为定居文明的进化历程。世界上没有其他任何地方能像这里一样,在如此有限的区域内出土时间跨度如此之大的象征人类进化的文物。

▲ 艾瓦德洞穴是迦密山西坡上4个被发掘的洞穴中最大的一个。

米吉多、夏琐和贝尔谢巴圣地

这3个定居点的历史可以追溯到前《圣经》时代。当时已有供水系统为城市提供水源，其精妙程度至今令人赞叹不已。

米吉多是位于迦密山脉附近的一处定居点。定居土丘上的城堡要塞在公元前4世纪至公元前2世纪控制着埃及和美索不达米亚之间的贸易通道和军事要道。米吉多的著名景点为赛马场与壮观的马厩。据《圣经》记载，这座城市是最终决定一切善恶决战的场所。

夏琐濒临加利利海，是3个考古遗址中最大的一个，包括上城区和城墙环绕的下城区，占地约200公顷。公元前2世纪时，大约有2万人居住在这里。

贝尔谢巴坐落于内盖夫沙漠之中。城市遗迹表明，这座在铁器时代计划建造的定居点曾有城墙环绕。公元前1100年，这里就是一座设防的城市。马加比人、罗马人和拜占庭军队曾驻扎于此。

▲ 米吉多遗址还包括传说中所罗门王的马厩的遗迹。

特拉维夫白城

特拉维夫有约4000座以包豪斯（或经典现代主义）风格建造的建筑，是世界上拥有同类建筑数量最多的城市。

特拉维夫建立于1909年，在被英国托管时期发展成了一个大城市，吸引了成千上万寻求新的安全家园的犹太移民迁居至此。"白城"在建筑上遵循了现代主义建筑的理念，也成为这个新开端的标志。不列颠的帕特里克·盖德斯爵士为此制订了总体规划。在他的统筹下，从当时到1948年这一短短时间内，特拉维夫城内建起了许多经典现代主义风格的建筑。很多深受包豪斯影响、移民到以色列的欧洲建筑师参与了设计工作，其中包括阿里·沙龙、泽夫·雷希特、理查德·考夫曼、多夫·卡尔米和吉尼亚·阿韦布赫。由此在特拉维夫也形成了一个"包豪斯建筑群"——尽管不是所有的建筑师都遵循德绍和魏玛的包豪斯学院派。例如，泽夫·雷希特于1933年设计的"天使之家"最初就是建立在勒·柯布西耶建筑的经典脚柱之上的（"底层架空"）。

▲ 图中外墙的灵感源于包豪斯，外墙后面藏有简易公寓。这些房屋大多建于20世纪30年代，建筑风格却十分现代。

马沙-巴塔·古夫林洞穴

马沙-巴塔·古夫林地下洞穴坐落于以色列历史古城马沙和巴塔。人造的地下洞穴和地下空间形成一个巨大的网络，将古希腊罗马时期犹太王国的马沙城、巴塔·古夫林城及其周边地区囊括了进去。

马沙城是由所罗门王的儿子罗波安于公元前 8 世纪建造的。罗波安出身于古希腊罗马时期一处迦南人定居点，该定居点在《圣经》中就已有记载。巴塔·古夫林城虽然建立时间较晚，但逐渐取代了马沙的统治地位。这两个定居点在历史上多次拔旗易帜：巴比伦人、以东人、腓尼基人、罗马人和拜占庭人都在这里的城市建筑中留下了痕迹——将以色列 2000 余年的艺术史浓缩至此也不为过。3500 多个洞穴中的考古发现可以让人们轻松地看到当时的景象。地下空间常被用作储藏室、地下蓄水池、浴池、宗教场所或战争时期的藏身之所。古希腊罗马

▲ 这些洞穴为研究人类早期文化提供了相关信息。

时期的榨油机可以榨取橄榄油，用来饲养鸽子和其他家畜。城区外的洞穴被用作墓地。直到今天，某些洞穴仍然保留有使用的痕迹。

马萨达考古遗址

1838 年，人们在内盖夫沙漠中发现了这座由希律一世建立于岩石高原之上的堡垒。73 年，在罗马人希尔瓦率军包围马萨达一年后，为避免落入敌手，大约 1000 名犹太人全体自杀。因此马萨达是犹太人反抗压迫的象征。

公元元年前后，犹太王国是一个依附于罗马的王国，由希律一世统治。希律一世在死海上方 441 米的岩石高原上，建造了一个看上去坚不可摧的堡垒。在犹太人第一次反抗罗马的起义中，约有 1000 名战士在这里殊死搏斗，在城破之前集体自杀。希律王宫殿建筑群四周围绕着堡垒和城墙，是罗马豪华住宅的杰出范例。更有趣的是，罗马人在围攻和战斗中使用的机械一直被保存在堡垒周围，其中包括罗马士兵为对堡垒发起猛攻而堆起的巨大高台。

▲ 一堵防御墙包围着堡垒区域。这个曾拥有 40 座塔楼的防御工事中建有宫殿、住所和仓库。

内盖夫香料之路与沙漠城镇

内盖夫意为"旱地",同名的沙漠也如其名字一般十分贫瘠。得益于远途贸易和灌溉系统,这里也发展出了富裕的城市。

公元前 3 世纪,骆驼驯化,为穿过人口稀少地区和沙漠地区的货物运输带来了全新的可能性。阿拉伯半岛和地中海之间的繁荣贸易迅速发展。纳巴泰人的首都佩特拉(如今位于约旦)是最重要的货物转运点之一:商队只要通过这段内盖夫沙漠中约 2000 千米的路途,就可以避开罗马人占领的犹太地区。他们所运输的货物——香料异常珍贵。这一世界遗产包括香料之路上的城市、堡垒和驿站,如纳巴泰的城市哈鲁扎、马姆希特-库尔努布、阿夫达特-奥博达和希瓦塔-索巴塔,纳卡鲁特堡垒、卡兹拉堡垒和莫阿堡垒,埃恩·撒哈罗尼姆商队客栈,拉蒙门的驿站,城堡上的马克马尔坡道,格拉丰堡垒与路边的里程碑。

▲▶ 阿夫达特－奥博达城市遗址见证了香料贸易的重要性。

耶路撒冷旧城遗址及其城墙

耶路撒冷是犹太教、基督教和伊斯兰教三大亚伯拉罕宗教的圣地，先知穆罕默德的神游就发生在这里。这里是多种文化的交汇点，巴比伦人、罗马人、阿拉伯人、十字军和土耳其人都曾统治过这座城市。

几乎没有任何地方比耶路撒冷更具历史意义。这座城市展现了多方面的历史图景，城墙内的耶路撒冷旧城中汇聚了犹太教、基督教和伊斯兰教的宏伟遗迹：带有大卫塔的城堡、带有圣詹姆斯教堂的亚美尼亚区；此外，犹太区还拥有哈里犹太教堂、拉姆班会堂、胡瓦会堂遗址、"被烧毁的房子"以及哭墙。圣殿山几乎占据了旧城1/6的面积，据《旧约》记载，神命令亚伯拉罕在这里献祭儿子以撒，而根据伊斯兰信仰，先知穆罕默德在此经历了神游。"苦路"是《新约》中基督背负十字架而行之地，始于旧城靠近狮子门（亦称"圣史蒂芬门"）的穆斯林区，经苦路14站的最后5站通向圣墓教堂。在圣殿山地区中心矗立着装饰有马赛克的圆顶清真寺，该清真寺以第一座圣墓教堂为蓝本，于691年在哈里发阿布杜勒·马里克的领导下建造而成，据说是先知穆罕默德的神游发生地。

▲ 旧城的雅法门和大马士革门边的大卫城堡与大卫塔。

▲ 耶路撒冷的犹太区拥有美丽的街巷和数个犹太教堂，时至今日仅有约 2000 人居住于此。20 世纪 60 年代，人们对犹太区进行了重建，它如今是旧城中最现代化的城区。

▲ 圆顶清真寺整体呈八角形，上有圆顶，上面装饰有珍贵的大理石与彩色瓷砖。

▲ 穆斯林区是该市最大、人口最多的城区，约有 20000 名居民。

▲ 根据传说，圣墓教堂位于耶稣受难之地，对基督徒而言是一处重要圣迹。

▲ 哭墙长 48 米，高 18 米，是耶路撒冷旧城中古代犹太国第二圣殿护墙的西段，也是犹太民族最重要的圣地。

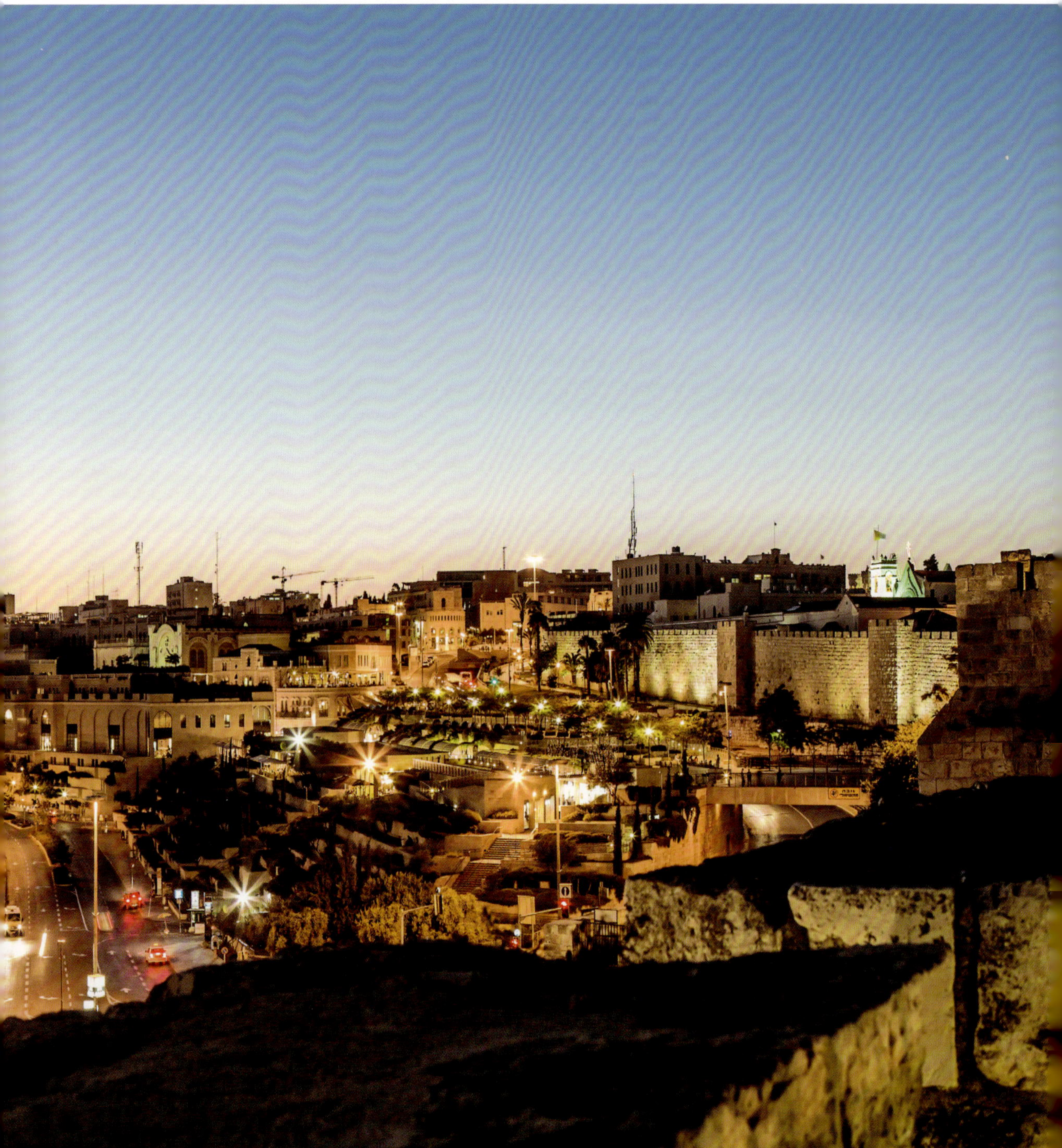

这座奥斯曼帝国时期的清真寺尖塔被错误地称为"大卫塔"。当时的人们认为,《旧约》中的大卫城就位于此处。

020　一生必去的世界遗产：走进亚洲

西亚和中亚 021

圣墓教堂很少会像下图展现的一样空旷。通常情况下，为了目睹教堂中央的敬拜空间（左图）或十字架祭坛（右图），信众必须排起长队。

南耶路撒冷文化景观

巴勒斯坦的小村庄巴蒂尔位于耶路撒冷以南几千米处一个田园诗般美丽的山谷之中。数百年来，这里形成了令人印象深刻的文化景观。

尽管所处地区经常发生交火，但巴蒂尔山谷仍有"乡村天堂"的美誉。葡萄树和橄榄树在山坡的梯田上茁壮成长。先进的灌溉系统还为种植柠檬、杏和其他水果创造了条件。源于溪流的水通过水渠流入田地和苗圃，存于蓄水池中，供当地8个古老的大家族每周逐天轮流使用。以色列和巴勒斯坦领土之间一段未被加固的边界穿过了山谷中央。巴蒂尔的一些田地位于以色列境内。因为巴勒斯坦与以色列达成的一项旧协议存在，所以直到现在村民们都可以在他们的土地上自由出入。为了阻止以色列在巴蒂尔修建防护墙计划的实施，村民们已经向以色列最高法院提起诉讼。

▲ 精心设计的灌溉系统使山谷农业的发展成为可能。

伯利恒圣诞教堂和朝圣线路

自3世纪以来，伯利恒圣诞教堂就被公认为耶稣的诞生地。在随后的几个世纪中，教堂历经被毁、重建和修葺。伯利恒圣诞教堂和朝圣之路均是基督教早期建筑无可比拟的代表作。

世界各地的基督徒都相信耶稣诞生于洞穴之中。早在2世纪，这个洞穴就成了最早的一批朝圣者的目的地。4世纪时，君士坦丁大帝在洞上建造了一座五跨教堂，教堂内铺设有华丽的马赛克地板。教堂内部通过后殿中的一个开口与洞穴相连。5世纪下半叶，教堂被大火烧毁，之后在同一地点上重建。由于教堂在波斯人的抢劫和破坏行动中毫发无伤，因此成为圣地中最古老的持续使用的教堂之一。现由希腊东正教、亚美尼亚教会和天主教联合管理。

▲ 对信徒来说，耶稣诞生洞穴中的"伯利恒之星"是耶稣诞生地的标志。

▲ 伯利恒圣诞教堂内部。

约旦

耶稣受洗处：约旦河外伯大尼

自基督教早期以来，耶稣受洗处就已经被确定为《新约》中提到的地点伯大尼。据说施洗约翰在这里工作并为耶稣进行洗礼。

自从教父欧利根（185—254）将伯大尼描述成耶稣受洗的地点后，伯大尼一直是无数朝圣者的目的地。教皇约翰·保罗二世和本尼迪克特十六世可能是迄今为止最著名的朝圣者。考古学家在伯大尼发现了罗马时期和拜占庭时期的基督教教堂与小礼拜堂的遗迹——这里在源于6世纪的圣地马赛克地图上被标为"伯大巴喇"。伯大尼位于以利亚山脚下，考古学家希望能够在这里发现古希腊罗马时期定居点的遗迹。然而，这是不是先知以利亚的出生地，目前还没有定论。人们在以利亚山地区也发现了一座修道院的遗迹。整个地区洞穴星罗棋布，它们曾是隐士们的避难所。

◀ 这项世界遗产位于约旦河的东岸，具有重要的宗教意义。

乌姆赖萨斯考古遗址

乌姆赖萨斯考古遗址位于死海以东。遗址中的大部分尚未挖掘，已经出土的文物可以追溯到罗马、拜占庭和伊斯兰发展早期。

该遗址最初是罗马的一处军事基地，在5世纪时发展成为一座城市。很多教堂建筑便是在这一时期建造的，其中尤其值得一提的是圣斯蒂芬大教堂中的马赛克地板。按照铭文记载，这些马赛克可能源于756年，彼时倭马亚人已将伊斯兰教引入该地区。马赛克地板的图像是该地区的地形图，最远包括北部的马达巴和安曼。有理由相信，这些马赛克是为了证明约旦的这一部分地区最初是基督教核心区。5世纪时，苦行僧的传统已经在叙利亚广为流传，而两座引人注目的方塔就是对该传统的为数不多的证明：作为特别禁欲的标志，这些僧侣在塔上或柱子上度过自己的一生。除此之外，乌姆赖萨斯遗址的周围还发现了早期农业活动的遗迹。

▲ 最初，乌姆赖萨斯是罗马骑兵团的基地。

库塞尔阿姆拉沙漠城堡

如果仅以外在条件作为评判标准,这座倭马亚王朝的哈里发沙漠城堡并无任何特别之处。事实上,这座"平平无奇"的城堡内部珍藏有巨大的马赛克装饰以及许多反映当时世俗艺术的象征性壁画,它们都是早期伊斯兰艺术的瑰宝。

705年至715年,在今天的约旦首都安曼东北约100千米处,倭马亚王子阿里·瓦利德·本·亚兹德和后来的哈里发瓦利德二世在沙漠中建造了一个商旅客栈作为沙漠中的临时住所,内部建有一个三跨会客厅、一个浴室和一间井房。这座建筑的显著之处在于会客大厅和罗马风格浴室的豪华室内装饰,后者为伊斯兰世界中最古老的卫浴设施之一。墙壁上装饰着蓝色、棕色和赭石色色调的壁画。这些壁画描绘了情色场景、日常场景、狩猎主题,以及"六巨头"——他们是来自不同文化中的首领,倭马亚哈里发借此希望自己有一天能够成为他们的继任者。这些壁画证明,在倭马亚时代,伊斯兰教中仍允许具有象征意义的图画存在。城堡中以拜占庭传统风格设计的马赛克地板具有很高的品质。

▼ 上图:1898年,奥地利阿拉伯裔研究员阿洛伊斯·穆齐尔发现了库塞尔阿姆拉沙漠城堡。下图:壁画上画有狄俄尼索斯与丘比特,十分令人着迷。

瓦迪拉姆保护区

瓦迪拉姆保护区占地约 740 万平方千米，保护区内最早的人类定居痕迹可以追溯到 12000 年前，其中包括数以万计的岩刻和碑文。因此，这个位于阿拉伯半岛上最大的干旱山谷的保护区被列为世界自然与文化双重遗产。

　　瓦迪拉姆是大约 3000 万年前一次地质断层的产物，在地壳断裂中，巨大的峡谷被撕裂开来，山脉也不再相连。由于侵蚀作用，在数百万年的时间里，这里逐渐形成了一个拥有狭窄的峡谷、奇山异石和众多洞穴的壮观沙漠景观。山脉由花岗岩和砂岩组成：山脉底部为颜色较深的花岗岩，山峰顶部则为红色的砂岩。这也是沙漠山谷中较为狭窄的地方有很多泉水的原因：冬季的降水穿过多孔的砂岩，碰到坚不可摧的花岗岩，便一路向下直达斜坡。在那里，汇聚的泉水从谷底流出。这些泉水反过来也表明了，早在新石器时代（公元前 1 万年至公元前 6000 年），这个山谷就已经有了早期定居的可能。瓦迪拉姆沙漠因在电影《阿拉伯的劳伦斯》中作为主要外景地出现而全球闻名。

▼▶ 广袤的沙漠地区一直延伸到远方，沙漠上的岩石形态各异。

西亚和中亚　027

佩特拉

纳巴泰人最具考古价值的遗迹位于亚喀巴湾和死海之间，隐藏于哈隆山麓之中。希腊历史学家将这座古老的首都称为"佩特拉"（意为"岩石"）。

公元前169年，纳巴泰人选择了一个易守难攻的"天选之地"作为首都——瓦迪穆萨的岩石盆地。它位于西克峡谷的后方，该峡谷只有几米宽，但深达200米。佩特拉最宏伟的建筑为雕刻在岩石上的巨型坟墓，其外墙极具艺术特色，是传统阿拉伯建筑风格与古希腊建筑风格相互交融的体现。装饰精美的坟墓被称为"法老的宝藏屋"，这表明纳巴泰人相信死后仍然有生命。萨桑王朝统治时期，贸易路线发生了改变，佩特拉便逐渐为人淡忘，消失得无影无踪，直到1812年才被瑞士探险者约翰·路德维希·伯克哈特发现，得以重见天日。

▲ 献给死者：宫殿墓。

▶ 献给死者：狭窄的岩石墓（左图）、"法老的宝藏屋"（右图）。

西亚和中亚 029

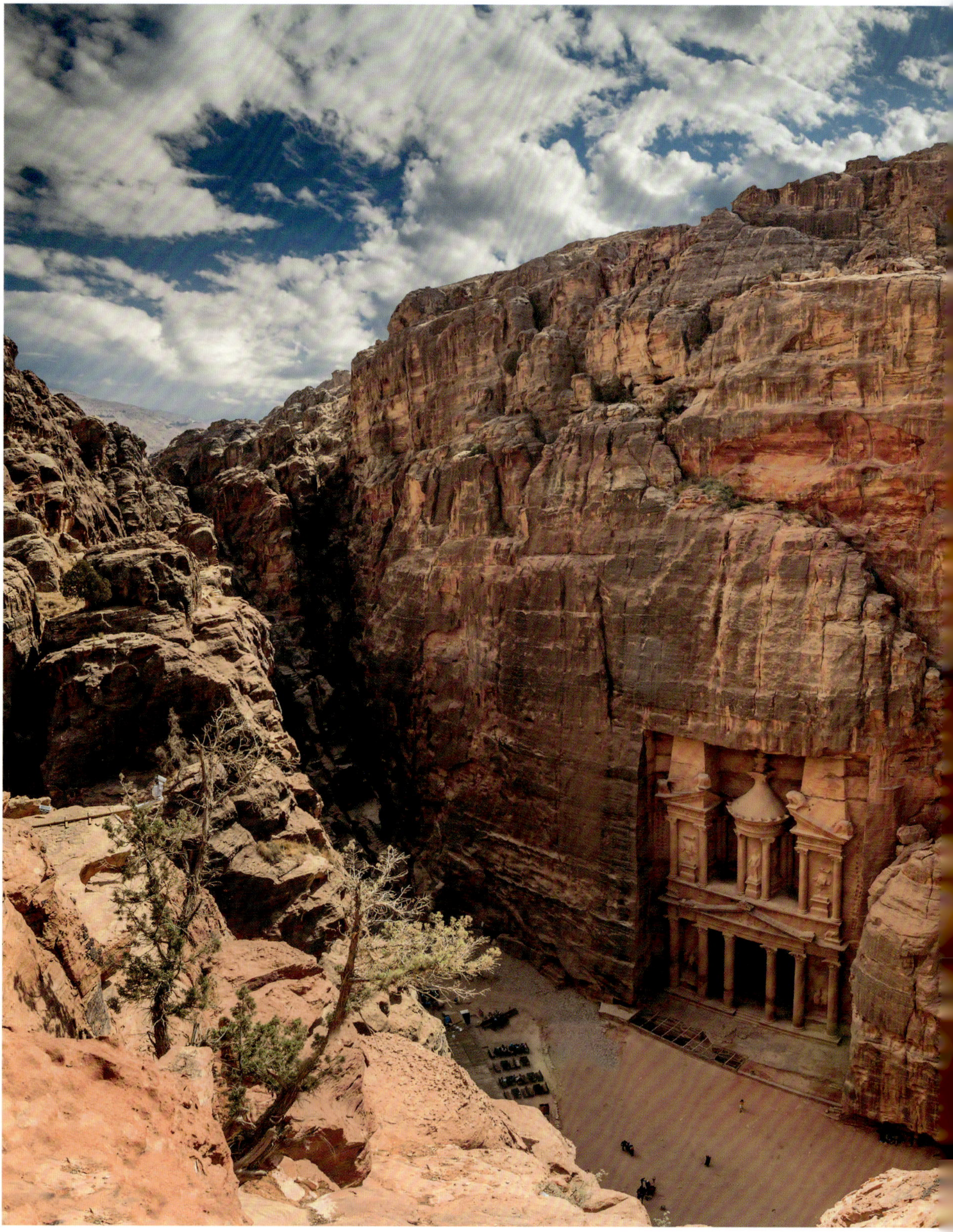

古墓外立面从岩石中开凿而出。屋顶上的骨灰坛也是由巨大的山石构成的。斑驳的弹坑证明曾有寻宝者想在这里发一笔横财，却无功而返。

沙特阿拉伯

沙特黑尔地区的岩石艺术

纳尔福德大沙漠位于沙特黑尔地区，其边缘地带的两处岩刻遗址被列入《世界遗产名录》。

数千个岩刻壁画证明如今的沙漠之地在9000年前曾植被茂密，许多动物在此繁衍生息，因而也是狩猎者赖以生存之所。考古学家在距离朱拜绿洲不远的奥姆斯尼曼山山麓发现了4000余幅岩刻壁画。这些壁画生动地展现了当时在此定居的人们的日常生活，图案中不乏羚羊、瞪羚、吃着草的绵羊以及猎人。由此可以认为，该地区曾经是一片极为肥沃的土地——实际上，科学家已经发现，此地的气候在1万年前远不像如今这般干燥，当时的朱拜绿洲甚至有一片湖泊，为周围的土地提供了良好的生活条件。如今的朱拜得益于现代灌溉技术，作物繁盛，郁郁葱葱。阿尔舒瓦米斯的岩刻壁画是该项世界遗产的第二发掘地，气势丝毫不逊于奥姆斯尼曼山岩画。其中一些岩画源于新石器时代，往往超过真人大小。

▲ 距今年代最近的岩画出自伊斯兰发展早期，最古老的则可以追溯到新石器时代。

石谷考古遗址（玛甸沙勒）

石谷考古遗址是沙特阿拉伯第一个被列入《世界遗产名录》的文化遗产。遗址名为"玛甸沙勒"（阿拉伯语"石谷"），早期被称为"黑格拉"。它与约旦时期的佩特拉并列为纳巴泰文明保存最完好的遗迹。

纳巴泰人最初以从事游牧和贸易活动为生，据推测其从4世纪起便在阿拉伯半岛西北部定居，后被罗马人打败。后者于106年完全控制了这里，并将其更名为阿拉伯彼得雷亚。玛甸沙勒位于麦地那以北约350千米处，曾为贸易站点，后于1世纪被扩建为宏伟的城市。与佩特拉不同的是，玛甸沙勒许多巨大墓葬上都刻有铭文。这些铭文是这个民族日常生活与文化的重要见证，除此之外鲜有出现。城市北部伊斯利卜山的圣地也得以存留：这是一处奇特的岩层，它的墙壁上刻有壁画和铭文。此外，人们还发现了多处水井以及纳巴泰人开发的可用于沙漠农业的灌溉系统，它们是纳巴泰文明水利技术的杰出成就。

◀ 巨大的墓葬矗立在沙特阿拉伯滚烫的沙砾之中。它们是纳巴泰文明的象征。

德拉伊耶遗址的阿图赖夫历史区

德拉伊耶位于首都利雅得西北方向，是哈尼法谷地边的绿洲定居点。18、19世纪时，该定居点及其城堡成为沙特统治者的权力中心和瓦哈比伊斯兰教派的核心驻地。阿图赖夫历史区是该定居点的一部分，始建于15世纪。

沙特阿拉伯中部的"高地"纳季德（旧译"内志"）地区的建筑与当地的沙漠气候相适应。历史悠久的德拉伊耶泥土建筑便是最杰出的范例。4层楼高的萨尔瓦宫是在1803年至1814年由瓦哈比帝国的伊玛目与首领阿卜杜勒·阿齐兹·沙特下令建造的，是第一沙特王朝最重要的建筑之一。德拉伊耶的整片绿洲曾被一堵城墙环绕其中，城墙上建有瞭望塔。后来，德拉伊耶于1818年在与奥斯曼帝国的战争中被易卜拉欣·帕沙征服并遭摧毁。阿图赖夫亦沉寂多年。一些古迹先后得以修复，比如带有庭院的

▲ 如今，在哈尼法谷地西坡的楔形山嘴上仍然可以看见低矮的原始土坯建筑。

萨阿德·本·沙特宫殿（庭院曾作为马厩使用），此外还有旅店、浴场和阿图赖夫的城墙。

吉达古城

吉达古城被视为"通向麦加之门"。它同样也是"通往世界之门"：这座位于红海东岸的城市自7世纪以来就一直是该国最重要的贸易与经济大都市。

吉达古城是沙特阿拉伯四大世界遗产的第三处。第一个被列为世界遗产的是岩石城市石谷，源自前伊斯兰的纳巴泰时期；第二个是建立在哈尼法谷地上的绿洲定居点德拉伊耶历史区，这是瓦哈比伊斯兰教派（该教派在沙特阿拉伯被视为国教）的活动中心之一。随着吉达古城被列为世界遗产，它已成为全球公众关注的焦点：一方面，它在前往伊斯兰圣地的朝圣者心中的地位举足轻重；另一方面，它拥有港口和国际机场，是一座向非穆斯林开放的多元文化贸易中心（区别于麦加和麦地那）。吉达的老城区呈南北方向延伸的六

▲ 尽管现代化浪潮的车轮滚滚向前，吉达古城仍保留了约350座历史悠久的住宅建筑。

边形形状，坐落于红海一处生长有珊瑚礁的小海湾之滨。

巴林

巴林堡考古遗址

巴林岛是同名岛国巴林的主岛，被认为是青铜时代文明的摇篮。考古发掘证明，位于巴林岛东北部山峰附近的巴林堡遗址从公元前 2300 年到公元 16 世纪一直有人居住。

这个最古老的定居点是迪尔蒙文化的主要中心，挖掘出的部分仅占遗址面积的 1/4。"迪尔蒙"是苏美尔语，意为"天堂"。在公元前 3000 年至公元前 2000 年间，迪尔蒙文化的载体是美索不达米亚和印度河谷城市之间最重要的中介，其在巴林岛上的主要地点是东方最重要的贸易中心之一。海边的民宅遗址和围墙便出自这一时期。围墙在公元前 1450 年左右被另一堵墙取代，后者在原料方面采用了结实耐久的砂浆。这为定居点保存良好的现状提供了有力说明。早在公元前 500 年，人们似乎就已经停止了对这堵墙的使用。后来人们在此处加建了民用住宅，其中部分房屋建于原墙的残垣之上。

▲ 几千年来，巴林一直是东方最重要的贸易中心之一。巴林堡由葡萄牙人于 16 世纪在古定居点的废墟上建造而成。

采珠业——岛屿经济的见证

直到 20 世纪上半叶，采珠业一直是波斯湾周边地区的一项重要经济活动。在巴林的穆哈拉格岛上，这一传统的见证得以存留。

数千年来，波斯湾一直是珍珠的重要产地。人们从牡蛎中提取珍珠并进行相关贸易。特别是在海湾诸岛上，发展出了一个单独的经济分支——采珠业。直到 20 世纪 30 年代，这项产业都是当地居民主要的收入来源。当日本开始通过养殖淡水贻贝来获取珍珠时，这项古老的产业开始走向低迷。

采珠业消失了。当地留存至今的有自 2012 年以来被列为世界文化遗产的穆哈拉格市的 17 栋建筑物，其中包括富商住宅、商店、仓库和一座清真寺。

这项世界遗产还包括 3 座海上牡蛎养殖场、一片海滩和穆哈拉格岛南端的卡拉布马希尔要塞。人们从那里乘船前往牡蛎养殖场。自 2008 年以来，这座要塞开放供游客参观游览。

▲ 诸如埃萨·本·阿里豪宅这样的富商住宅装饰繁复（图为一扇门的细节）。

卡塔尔
祖巴拉考古遗址

沿海城市祖巴拉位于卡塔尔北海岸。这座被城墙包围的城市在 18 世纪时是波斯湾采珠业的中心，后于 1811 年被摧毁，并在 1900 年左右被完全废弃。从那时起，它一直沉眠于荒漠沙砾之下。

考古出土的陶瓷和硬币等证实，科威特商人与整个中东及印度洋的贸易中心保持着联系。正是他们修建和扩大了祖巴拉。当时采珠业是整个沿海地区的经济基础，这导致了这片土地上小国并起。这些独立国家既不受奥斯曼帝国的控制，也不隶属欧洲人或波斯人。现代海湾国家便是由它们演变而来。祖巴拉城被两座城墙包围。旧的月牙形外墙长约 2.5 千米。在鼎盛时期，有 6000—9000 名居民居住于此。该城市于 1811 年被摧毁，后来被废弃，逐渐被沙漠掩埋。到目前为止，仅有很小一部分得到挖掘。

▲ 该地区的主要标志是祖巴拉堡。该堡建于 1938 年，最初是军事哨所和警察局。

阿拉伯联合酋长国
艾恩文化遗址

坟墓、喷泉、土坯房、塔楼和宫殿见证了沙漠之城艾恩居民从游牧文化过渡到定居文化时期的定居与生活方式。艾恩与阿曼接壤，属于阿拉伯联合酋长国，拥有哈菲特、西里、比达 - 宾特 - 沙特、绿洲等文化遗址。

阿布扎比占阿拉伯联合酋长国总面积的 4/5 以上（包括离岸岛屿在内约 8.36 万平方千米），是阿拉伯联合酋长国最大（其石油资源也是最富有的）的酋长国。"阿布扎比"——同时也是首都之名——意为"瞪羚之父"，缘于贝都因人于 1761 年在阿拉伯海湾沿岸的一个沙岛上的水坑中发现了瞪羚。循着它们追寻淡水的踪迹，人们在那里建立了一个小定居点，这便是如今阿布扎比市的雏形。但在沙漠地区定居的历史可以追溯到更早之前：

▲ 直至 1996 年，谢赫·扎耶德·本·苏丹一直居住于苏丹宫殿。这座位于绿洲西端的宫殿自 2003 年以来作为博物馆可供参观。在修复艾恩堡垒期间，它也得以重建。

位于阿布扎比市以东 160 千米的沙漠之乡艾恩拥有 5000 多年的定居史。

阿曼

阿夫拉季灌溉系统

阿夫拉季灌溉系统分布广泛，已有几千年历史，其中有一部分在地下运行，至今仍在使用。灌溉系统中最具有代表性的5个水道已被列入《世界遗产名录》。

阿夫拉季灌溉系统由单独的"分流道"组成：它们将珍贵的水分成几等分——如果没有这些珍贵的水，人们就不可能常年居住在这个地区的沙漠城市里；这些水除了作为饮用水，还用于农业和畜牧业。阿夫拉季灌溉系统从阿曼山脉南北两边填充层的砾石体中将地下水抽出。在山脚下，向山前倾斜的地下水体深度较低。水就是从此处通过数千米的隧道输送到地表，并在绿洲中到达分流点——一个圆形砖砌瞭望塔上的固定位置，并从那里沿地表继续分流到他处。负责供水的人员根据使用比例打开和关闭不同的水道。灌溉周期为7—10天。

◀ 阿曼的阿夫拉季灌溉系统据推测已有2500多年的历史。如今约有3000个水道仍在使用。

巴特、库特姆和艾因考古遗址

无论是库特姆的考古遗址、艾因墓地，还是巴特堡垒，都是对阿曼青铜时代定居点和新石器时代死亡祭祀的最令人印象深刻的见证。

巴特历史遗址位于阿曼苏丹国的内陆地区，距离同名绿洲不远。遗址中留存至今的部分包括4座塔与一个定居点的遗迹。在哈贾尔山脉西部陡峭的山壁前，可以看到由石板堆积而成的呈蜂窝状的坟墓。这种陵墓建筑在哈菲特时期（公元前3500年至公元前2700年）非常普遍。在米希特山脚下的艾因河谷和哈贾尔山脉东部也可以看到"蜂窝墓"。建筑物和坟墓的数量表明，该地区可能早在公元前3000年就已经人烟阜盛，在当时是美索不达米亚地区重要的青铜产地。至于巴特及其周围的定居点在公元前3000年末期被遗弃的原因，如今仍无定论。

◀ 这项世界遗产"蜂窝墓"高约4米，直径约8米。它们由褐色的石灰石组成，掉落时碎裂成瓦状。

巴赫莱要塞

巴赫莱要塞位于阿曼首都马斯喀特以南约 200 千米处。这座巨型堡垒被认为是阿曼黏土建筑的典范，设有超过 15 个入口和 132 座防御塔。

巴赫莱绿洲坐落于海拔 3100 米的平顶山阿赫达尔山脚下，其由黏土砖建造而成的城墙长 12 千米，高 5 米。绿洲上的堡垒装备有高塔，由未烧制的砖块和稻草制成。由于该地区占据了河谷之上的主导位置，因此古往今来一直具有极重要的战略意义。在伊斯兰时代之前，人们就已经对巴赫莱山丘进行了防御性建设。如今的堡垒可以追溯到 17 世纪，据说是由巴努·内布罕部落建造的——该部落早在 15 世纪就已经将巴赫莱作为阿曼的首都。1988 年至 2004 年，为了避免建筑的原始特征因修复方法不够专业而无法保留，人们将这座黏土堡

▲ 如今，堡垒几乎已全部得到修缮。人们并未采用现代的建筑手段，而是沿用了传统的建筑技术。

垒列入濒危世界遗产的红色名录，一支由国际专家组成的团队成功地对堡垒进行了专业翻新。

乳香之路

达喀河谷的乳香树林、什斯尔绿洲以及阿曼南部佐法尔省的科尔罗里和巴厘德的港口都是从古希腊罗马时期到中世纪早期蓬勃发展的乳香贸易场所。

在古希腊罗马时期，乳香是最贵的原料之一。1 世纪前，这一名贵商品主要通过商队运输至地中海和美索不达米亚地区。贸易路线上有很多富裕的城市，其中一些现在已经从地图上消失了。直到 20 世纪 90 年代初，人们才通过卫星图像在鲁布哈利沙漠（"空域地带"）的边缘发现了一座古希腊罗马城市的遗迹。在与现今的什斯尔绿洲非常接近的地方也发现了建筑物的遗迹，这证明了这里曾是一个商业中心。2 世纪时，贸易逐渐转移到海上，也门哈德拉毛王国在塔卡不远处、如今的科尔罗里泻湖边建立了萨马拉姆出口港口。该港口的贸易枢纽地位在中世纪时期被巴厘德市取代。巴厘德的遗

▲ 乳香是乳香树的干性树脂。

址可能与阿拉伯旅行者描述的扎法尔港口所处的地点一致。

也门

萨那古城

陡峭而高耸的黏土塔楼房屋及其极具艺术造诣的立面装饰是萨那古城的标志。萨那是也门的首都,曾是乳香之路上最美丽的地方之一。

这座城市的前身是萨巴王朝时期的一座城堡,在希木叶尔皇室的统治下,自520年起进入鼎盛时期。也门于628年被伊斯兰化——据说先知穆罕默德亲自下令在萨那建造了第一座清真寺。

古城中的高层建筑给人留下了深刻印象,它们的历史长达1000年,其中一些建筑超过8层。建筑的下层按照传统建筑方式以天然石材建造,上层的建筑材料则是未烧制的黏土砖。这些塔楼的立面设计极具特色,外墙上点缀着许多装饰元素,它们被涂成白色,在视觉上很突出,并被石膏花饰水平分割。萨那古城最常见的房屋装饰是半圆形的天窗,窗棂上装饰着花朵图案或几何图案的石膏框架,除此之外,还有彩色玻璃镶嵌其中。

古城四周环绕的城墙历史悠久。城墙最初有8个大门,如今只有也门之门被保存下来。古城在2015年遭到炸弹袭击,并被联合国教科文组织列入《濒危世界遗产名录》。

▲ 也门之门是萨那古老的防御城墙的正门。

▲ 萨那古城风景如画，特别是在日落时分，古城更是色彩鲜明。

040　一生必去的世界遗产：走进亚洲

1988年被列为世界遗产后，人们不惜花重金对萨那古城进行了修复。该项目也获得了阿卡汗建筑奖。然而，这一区域内的武装冲突和恐怖袭击威胁到了古城的安危，2015年，萨那古城被列入《濒危世界遗产名录》。

希巴姆古城与城墙

哈德拉毛地区的沙漠城市希巴姆的历史遗迹中心几乎完好无损。气势宏伟的塔楼由风干的砖块和夯土建造而成,是希巴姆的标志性建筑。

这座坐落于岛状岩石高原之上的城市究竟源于哪个时代?科学界众说纷纭。有观点认为它可能是由沙布瓦的居民于3世纪建立的。沙布瓦是位于古希腊罗马时期哈德拉毛首都希巴姆以东150千米处的一座城市,因遭到异邦人的洗劫和破坏而衰败。希巴姆古城内矗立着500座近30米高的房屋,部分房屋的历史长达数百年。古城被高墙环绕,形成了一个宽400米、长500米的矩形。在排布紧密的泥砖建筑立面上部,可以看到传统的白色油漆。人们定期重刷油漆。为了避免建筑产生裂缝,人们在石灰涂料中添加了黏合剂(如雪花石膏粉)。尽管如此,上层的黏土砖建筑通常也必须以10年为周期进行修缮。

▲ 哈德拉毛河谷的希巴姆古城通常被称为"沙漠中的芝加哥"。传统的塔房最高可达9层。

乍比得古城

也门在中世纪时期的首都乍比得坐落于提哈迈平原——地球上最热的沙漠地区之一。几个世纪以来，乍比得的麦地那一直是阿拉伯和穆斯林世界的精神中心。

乍比得古城曾经被一堵巨大的城墙包围，城中的房屋以"提哈迈风格"（一种红海沿岸低地地区特有的沙漠建筑风格）为主。这些房屋由被称为"穆拉巴"的大门正对内部庭院的矩形房间组成。所谓的"提哈迈风格"在这里体现为外墙和门楣上的精美、多色彩绘、华美贵重的石膏花纹装饰。乍比得的精神中心为麦地那，伊斯坎达里亚清真寺周围建有多座古兰经学校。城中其他重要的宗教建筑包括阿萨伊尔清真寺和大清真寺。这些建筑物线条简洁明快，其建筑风格一定程度上与沙斐仪学派——提哈迈平原最重要的伊斯兰教法学流派有关。

▲ 乍比得拥有近100座清真寺、阿尔纳斯门堡垒以及众多装饰华丽的房屋，是皮埃尔·保罗·帕索里尼于1974年拍摄的经典电影《一千零一夜》的理想取景地。

索科特拉群岛

索科特拉群岛长250千米，位于非洲之角的延长线上。其4个主要岛屿分别为索科特拉岛、阿卜杜勒库里岛、萨姆哈岛和达尔萨岛。这些岛屿拥有极其丰富的生物。

索科特拉群岛上的乳香、没药和芦荟等蕴藏丰富，加之地处亚丁湾出口战略要地，因而早在埃及法老时代，航海者就对此觊觎已久。尽管如此，直到19世纪末期，这些岛屿并不为欧洲人所知。

20世纪90年代也门政治性开放后，对索科特拉的科学研究才真正开始。主岛索科特拉岛的面积为3626平方千米，海拔1503米。索科特拉岛在地理上是非洲之角的延续，自1500万年前与非洲大陆分离后就未再接壤。与世隔绝的地理位置有利于其独有的动植物的发展，唯独陆地哺乳动物在当地非常稀缺。岛屿爬行动物九成为岛内独有。索科特拉群岛周围的海洋生物也很丰富。

▲ 从索科特拉群岛特有的龙血树上可以提炼出一种天然树脂。这种树脂可用于生产乳香和天然药物，还可用于防腐和制造清漆。

伊拉克

埃尔比勒城堡

埃尔比勒城堡是世界上最古老的人类定居点之一，位于伊拉克北部库尔德斯坦自治地区首府埃尔比勒。其本身就是一座小型城堡城市。

▲ 埃尔比勒城堡屹立于城中一座32米高的由人工打造的土丘之上，如今椭圆形的外观可以追溯到奥斯曼帝国时期。

考古发现表明，早在新石器时代，城堡所矗立的土丘就已经有人定居，但是开始在此定居的时间目前尚不清楚。亚述人、巴比伦人、波斯人、希腊人和罗马人都在这里留下了他们的印记。数百年来，这里都是兵家必争之地。从16世纪起，除了几次政权旁落，这座城堡一直隶属于奥斯曼帝国。据推测，城堡上的建筑源于奥斯曼帝国统治时期。这座堡垒占地10公顷，直到2007年一直有人居住，里面的房屋都带有一个庭院。城堡内曾经建有3个清真寺，只有建于一座旧教堂遗址之上的穆拉阿凡提清真寺保留至今。约100座房屋将城堡围于其中，构成了一道坚固的防护墙，墙的北部、东部和南部都有坡道通向城堡。修复工作完成后，人们会重新回到城堡中居住。

安息城哈特拉

哈特拉位于如今的伊拉克摩苏尔西南约100千米处，曾是帕提亚王国的军事重镇。这座古城防御力十分强大，曾经抵挡住了罗马人的多次进攻。

▲ 哈特拉遗址是帕提亚文化的见证，可惜已经灰飞烟灭。

早在公元前5世纪时，人们就在两河流域的商队必经之路上修建了哈特拉城。直到3世纪，哈特拉才在帕提亚人的统治下经历了繁荣时期，发展成为贸易城市和宗教中心。帕提亚人保留了这个西亚帝国的文化遗产，并且复兴了波斯文化。波斯传统的复兴体现在对经典建筑形式的使用上，如哈特拉大神殿中的"埃旺"——一种筒拱形的房间壁龛。在挖掘过程中，环形城墙内许多帕提亚风格的浮雕和雕像得以重见天日，上面刻画了神灵、统治者、达官显贵和一些宗教的主题，这些是帕提亚石匠的精湛技艺的体现。207年，哈特拉被波斯萨珊王朝国王沙普尔一世攻陷，随后沦为废墟。2015年春，伊拉克政府发表声明，谴责极端恐怖组织"伊斯兰国"武装分子破坏哈特拉遗址。

亚述古城（舍尔加特堡）

亚述古城位于如今的伊拉克北部底格里斯河西岸，其历史可以追溯到公元前 3000 年，被认为是亚述帝国的摇篮。2015 年，这一堡垒被极端恐怖组织"伊斯兰国"炸毁。

长期以来，亚述古城的光芒一直为亚述帝国的尼姆鲁德和尼尼微所掩盖：19 世纪进行考古发掘时，人们从这两座城市的遗址中发现了具有划时代意义的艺术品。直到 1903 年至 1914 年，德国考古学家瓦尔特·安德烈才在舍尔加特堡的遗址堆上发现了亚述古城。时至今日，第一次发掘活动中的数千个细小发现和残缺文本仍在等待科学处理。亚述古城可能建于公元前 2700 年左右。大约 1000 年后，这座城市通过从事长途贸易攫取了大量财富，地位和影响力大幅提升。然而，米底人和巴比伦人在公元前 614 年彻底摧毁了它。公元前 1 世纪，帕提亚人重新在此定居。在此期间，城市北部建立起了一个有公共建筑的广场，城市南部建造了一座

▲ 亚述古城在历史上局势动荡，风雨飘摇。

宫殿和亚述神的神殿。然而，这次再度繁荣持续时间不长，甚至未满 2 个世纪：在国王沙普尔一世（241 年至 272 年在位）统治期间，亚述古城再次被摧毁。

萨迈拉古城

9 世纪时，萨迈拉完成了在一个世纪内统治了从突尼斯延伸到中亚的阿拔斯王朝的各省份的壮举。萨迈拉古城大约还有 80% 尚未发掘。

834 年，阿拔斯王朝的哈里发穆阿台绥姆下令将都城迁至巴格达以北的萨迈拉。人们在建造都城时使用了砖块和泥砖，因四面都受到底格里斯河或运河的保护，所以并未修建防御工事墙。萨迈拉大清真寺建于 9 世纪，是当时最大的清真寺。它的外墙每隔一段距离就用半圆形的塔楼进行加固。留存至今的还有高 52 米的萨迈拉螺旋塔，因其楼梯坡道呈螺旋形，也被称为"玛勒维亚塔"（意为"蜗牛"），人们甚至可以骑驴沿坡道登塔。螺旋塔顶部曾设有短楼梯通往宣礼塔。螺旋塔在设计上借鉴了古典时期的风格传统（古代东方金字形神塔）。阿布杜拉夫清真寺位于城市北部。哈里发宫殿位于

▲ 849 年至 851 年，哈里发穆塔瓦基勒下令建造了不同寻常的萨迈拉螺旋塔，其原材料为黏土砖。

底格里斯河上的主要街道，是这一时期早期唯一保留至今的宫殿。

伊朗

大不里士的集市区

大不里士是伊朗东阿塞拜疆省的省会，位于伊朗西北部肥沃的高原上，海拔约 1360 米。得益于其集市，大不里士早在中世纪时期便已成为丝绸之路和香料之路等长途贸易路线上的重要枢纽。

　　大不里士作为交通枢纽，自古以来就是兵家必争之地，蒙古人、俄罗斯人和土耳其人等先后多次对其展开进攻。其所在地区地震频繁，城市屡遭破坏。因此，城中的早期建筑仅有几处保留至今。集市经历了 18 世纪的两次地震后，外观与其在中世纪时的前身相比颇有不同。人们在 1840 年至 1860 年对其进行重建时，仍然致力于将其历史结构和功能放在首位，按照东方伊斯兰城市的理想方案，将集市建在曾经被城墙保卫的城市中心区域。

▲▶ 大不里士集市区的建筑包括架设有拱顶的街巷、大厅、庭院，以及一层或两层的砖制建筑。集市不仅是该市的贸易和市场中心，同时也是社会和文化的交汇点。

西亚和中亚　047

伊朗的亚美尼亚修道院群

伊朗的亚美尼亚修道院群位于伊朗东北部西阿塞拜疆省（前亚美尼亚瓦斯普拉坎省），其中圣达太修道院、圣斯泰帕诺斯修道院和佐佐尔修道院是世界上最古老的基督教修道院。

在大亚美尼亚国王梯里达底三世接受洗礼后，基督教于301年正式成为亚美尼亚的国教，亚美尼亚因而成为世界上第一个以基督教为国家信仰的国家。在靠近土耳其和亚美尼亚边界的伊朗-阿塞拜疆地区共有3座修道院，其中最古老的修道院是圣达太修道院，其历史可追溯至7世纪。如今边界河阿拉克赛河上的圣斯泰帕诺斯修道院始建于9世纪。佐佐尔的圣母修道院礼拜堂离圣达太修道院不远，因为地势较低，曾在1988年因规划在此处修建水坝而面临被炸毁的危险。在最后一刻，亚美尼亚教区与伊朗文物保护局设法推迟了这一行动。后来，礼拜堂被整体移动至附近较高处，它极具特色的折叠式屋顶得以保留。

◀ 佐佐尔修道院是亚美尼亚文化最古老的遗迹之一。

阿尔达比勒市的谢赫萨菲·丁圣殿与哈内加建筑群

萨法维王朝（又称萨菲王朝）的名字取自谢赫萨菲·丁（约1252—1334）。他是一位诗人和神秘主义者，于1301年在他的出生地阿尔达比勒创立了伊斯兰教神秘主义派别萨菲教团。他的陵墓由他的继任者兴建，是伊朗什叶派的主要朝圣地。

阿尔达比勒市位于现今伊朗西北部，是由萨桑尼德国王佩罗兹一世于5世纪修建的。它是重要的贸易中心，城中环绕着谢赫萨菲·丁陵墓的圣殿建筑群建于16—18世纪，其中心建筑为萨法维家族陵墓，由几座穹顶建筑组成。通向谢赫萨菲·丁神庙的道路被8道门分为7段，分别对应着苏菲神秘主义的7个发展阶段：兽性的自我、命令的自我、满足的自我、渴望的自我、平静的自我、实现的自我和实践的自我。

▲ 谢赫萨菲·丁的陵墓上方横跨着一个金色穹顶。

塔赫特苏莱曼考古遗址

这项世界遗产位于伊朗西北部的乌尔米耶湖西南方向，遗迹包括源于萨珊时期的琐罗亚斯德教圣火避难所，以及建于伊斯兰时期的狩猎宫。

"塔赫特苏莱曼"意为"所罗门的王座"，坐落于伊朗西阿塞拜疆省的一个高山谷地中。该地区坐拥富含矿物质的温泉以及一个由自流井形成的深达120米的小湖。6—7世纪时，萨珊王朝统治者在该湖北岸修建了一座琐罗亚斯德教圣火避难所。避难所中设有一座庙宇，其中有庭院、列柱大厅、档案室、珍宝库，以及许多住宿点。琐罗亚斯德教是近东古老的一种神教宗教，它预示着善与恶或光与暗之间的持续斗争。在圣所的南面是13—14世纪蒙古伊尔汗国修建的狩猎宫殿的遗址，至今尚未被完全挖掘。

▲ 萨珊时期的琐罗亚斯德教圣火避难所四周设有巨大的城墙。这堵以粗石建成的堡垒墙最初每间隔固定距离均设有两个城门和一座塔楼堡垒。

苏丹尼叶城

13—14世纪，位于德黑兰以北约250千米处的苏丹尼叶城是蒙古伊尔汗国的首都。伊尔汗国君主完者都的陵墓是当时的重要建筑作品之一。

根据伊斯兰教教义，修建富丽堂皇的陵墓是不被允许的。然而，在蒙古人统治时期，伊朗发展出一种新的建筑类型，这种建筑类型后来成了陵墓建筑的典范。从波斯建筑师设计建造的印度泰姬陵上也可以发现它的影子。传说伊尔汗国君主完者都当时计划将哈里发阿里（穆罕默德的表弟和女婿）和他的儿子侯赛因的骸骨从巴格达转运到苏丹尼叶，因而特别建造了这座陵墓。然而最终并未如愿，这位当时中国的"下属"可汗最终将这座建筑留作自己使用。陵墓的八角形底座建于1302年至1312年，其上方双穹顶的内径约为25米，是伊斯兰文化区最古老的双穹顶建筑之一。穹顶的外部装饰有彩色瓷砖的穹顶高达50米，没有任何支撑，四周环绕着8座细长的尖塔。

▲ 陵墓双穹顶的内部装饰有石膏花饰和纹饰。

德黑兰的戈勒斯坦宫

戈勒斯坦宫又称"玫瑰宫",坐落于伊朗首都德黑兰市中心老城的霍尔达德广场上,周围环绕着花园、池塘和水道。这座宫殿始建于萨非王朝,在1979年伊斯兰共和国成立前,一直是波斯统治者的宫邸。

1779年,突厥血统的阿迦·穆罕默德·汗成为恺加部落的新首领,后建立了延续百余年的恺加王朝。1796年,他将宫邸迁至德黑兰——当时仅是一个有着1.5万名居民的小省级城市,并且在此地加冕为波斯国王。戈勒斯坦宫是在其继任者法特赫-阿里沙国王的领导下建成的,其所在的公园由萨非王朝时期的国王阿拔斯一世主持修建,后又在卡里姆汗·赞德时期得以扩建,并在其四周建有黏土砖防御墙。法特赫-阿里沙国王曾多次游历欧洲,戈勒斯坦宫便是西方建筑风格与传统波斯手工艺完美融合的代表。穆罕默德·雷扎·帕拉维国王是最后一位曾居住于此的君主。如今,整座宫殿作为宫殿博物馆可供参观游览,原宫殿中的陶瓷、珠宝和武器等亦在博物馆中展出。

▼ 戈勒斯坦宫的外墙上装饰的画作鲜艳多彩。

西亚和中亚 051

▶ 戈勒斯坦宫色彩绚烂华丽，令人印象深刻。庄严的大理石宝座（中图）见证了历代波斯政权的过往浮沉。

卡布斯拱北塔

卡布斯拱北塔是一座位于伊朗东北边陲的陵墓高塔，高约55米，建于1006年，是中亚游牧民族与伊朗古代文明文化交流的见证。

卡布斯拱北塔矗立于一片贫瘠的土地之上，是齐亚尔王朝的卡布斯·伊本·沃斯米吉尔亲王为自己建造的陵寝。卡布斯亲王在当时不仅是著名的将领，也是诗人、艺术研究者与推动者。如今，这座塔楼是卓章古城保留至今的唯一一座建筑遗迹，也是该地区的标志性建筑——卓章古城在14—15世纪时被蒙古人夷为平地。塔楼坐落于一座15米高的山丘之上。塔身由烧制的砖建造而成，长37米。高塔自17米往上到15.5米，逐渐变细。墙体由10个三角形支柱加固。高塔的圆锥形屋顶向上延伸18米。根据阿拉伯历史学家的说法，卡布斯亲王死后被安葬在悬挂于塔楼铁链上的玻璃棺材中，然而塔中并未发现埋葬点。卡布斯拱北塔是1000年伊斯兰世界在数学和技术上进步的体现。

▲ 卡布斯拱北塔建于11世纪初，是早期的伊斯兰墓塔，也是世界上最早的"摩天大楼"之一。

比索顿古迹

波斯国王大流士一世于公元前6世纪在伊朗高地和美索不达米亚之间（今克尔曼沙赫省）的贸易路线的岩石上竖立了宏伟的比索顿浮雕，也将自己在历史上留下的浓墨重彩的一笔永久地刻在了这片土地上。

这座浅浮雕是大流士一世在公元前521年登上波斯王位后下令建造的。浮雕上的大流士一世身着波斯服饰，戴有手镯与统治者王冠，正望向右方。他左手握弓，以示其统治地位；左脚踩在躺在其脚下的人物胸部上。根据传说，这个人物是米堤亚巫师兼王位候选人高墨达的化身，大流士一世将其杀害，为自己登上权力宝座铺平了道路。浮雕右边可以看见一群叛乱分子，他们的双手被绑，脖子也用绳子拴住。浮雕底部及四周的铭文描述了那场发生于公元前521年至公元前520年决定大流士一世命运的战斗历程。大流士一世在这场战斗中取得了胜利，其中具有决定性意义的战役便是在比索顿发生的。这些铭文由埃兰语、新巴比伦语和古波斯语书写而成，对其破译是伊朗学最重要的成就之一。

▲ 比索顿浮雕刻在约100米高的岩壁上。

苏萨

考古发现表明，苏萨从公元前 4000 年至公元 13 世纪一直有人居住。《圣经》对此地亦有提及，它曾是亚历山大大帝的"苏萨集体婚礼"所在地。

　　这座古城位于伊朗西部，靠近伊拉克，是古代重要的商业大都市，与美索不达米亚城市和印度河流域文明均有密切联系。铭文和历史资料表明，苏萨曾短暂地属于新苏美尔帝国，除此之外，从公元前 3000 年起一直是埃兰帝国的首都，直到公元前 647 年被亚述国王亚述巴尼拔攻陷。尽管遭到亚述人的破坏，但这座城市很快就重新有人定居，并且在新巴比伦人的统治下成为重要的贸易中心。波斯阿契美尼德帝国时期，苏萨作为首都进入了该城市在历史上的第二次繁荣时期。源于这个时期的建筑遗迹包括大流士一世的宫廷和阿帕达纳宫。公元前 330 年，苏萨被亚历山大大帝占领，进入希腊塞琉古统治时期，之后又落入帕提亚人、萨珊人和阿拉伯人之手。

▲ 苏萨是世界上历史最悠久的古城之一。1259 年蒙古人入侵后，苏萨逐渐隐于历史的尘埃中。

伊斯法罕的礼拜五清真寺

礼拜五清真寺（又称聚礼清真寺）位于伊朗中部城市伊斯法罕，是一个拥有 1200 多年历史的伊斯兰建筑博物馆。

　　如今礼拜五清真寺是一个占地 2 万平方米的巨大建筑群，它巧妙地与周遭融为一体，其正门并不显眼，隐没在几家商铺之中。清真寺建筑群中最早的建筑可能于 8 世纪建成，并在 11 世纪进行了大规模扩建。遗憾的是，阿萨辛激进派于 1121 年将一切付诸一炬，只有北圆顶和南圆顶幸免于难。清真寺重建时使用了萨珊宫殿的布局，在 4 个方位上都有一个"伊万"。"伊万"是一种前厅，其通向前院的一侧为开放式结构，顶部穹顶为桶形。礼拜五清真寺是伊朗最古老的四伊万结构，是众多（特别是中亚）清真寺的典范。后来历代的建造者也在这里留下了自己的印记：大量的装饰细节可以追溯到塞尔柱、帖汶、萨法维和恺加时代，前后跨度超过 1000 年。

▲ 这个雕刻有精美的石膏花纹装饰的"米哈拉布"（壁龛）是伊朗最美丽的米哈拉布之一。

伊斯法罕王侯广场

伊斯法罕位于德黑兰以南 350 千米、扎格罗斯山脉边缘,16—17 世纪在萨非王朝阿拔斯一世的统治下发展成为伊斯兰建筑艺术和学术研究的明珠。昔日的王侯广场坐落于市中心,广场中保留了源于多个时期的建筑,四周也不乏古迹,它们共同构成了一个杰出的建筑群。

阿拔斯一世大帝(1587 年至 1629 年在位)是一位热衷于大兴土木的统治者,曾下令对自己的宫邸进行了大规模改建。在他的统治下,伊斯法罕发展为在文化、艺术领域最负盛名的东方城市之一。阿拔斯一世大帝最重要的建筑成就是宏伟的美丹纳奇贾汗广场(意为"世界之写照"),即后来的"王侯广场",自伊朗革命以来被称为"伊玛目广场"。广场长 560 米,两侧由两层楼的拱廊围绕,是世界上最大、最令人印象深刻的广场之一。广场四周设有 4 个引人注目的建筑群:南面是伊玛目清真寺(曾被称为皇家清真寺),东面为希克斯罗图福拉清真寺,西面是阿里·卡普(意为"高门")宫,北面则是通向皇家巴扎集市的正门。广场边最重要的建筑是伊玛目清真寺,该清真寺拥有 4 座高耸的伊万,是伊朗伊斯兰教的四伊万建筑群的杰出典范。

▼ 王侯广场上的建筑气势恢宏、金碧辉煌,如著名的伊玛目清真寺(上图)和阿里·卡普宫(下图)。

西亚和中亚 055

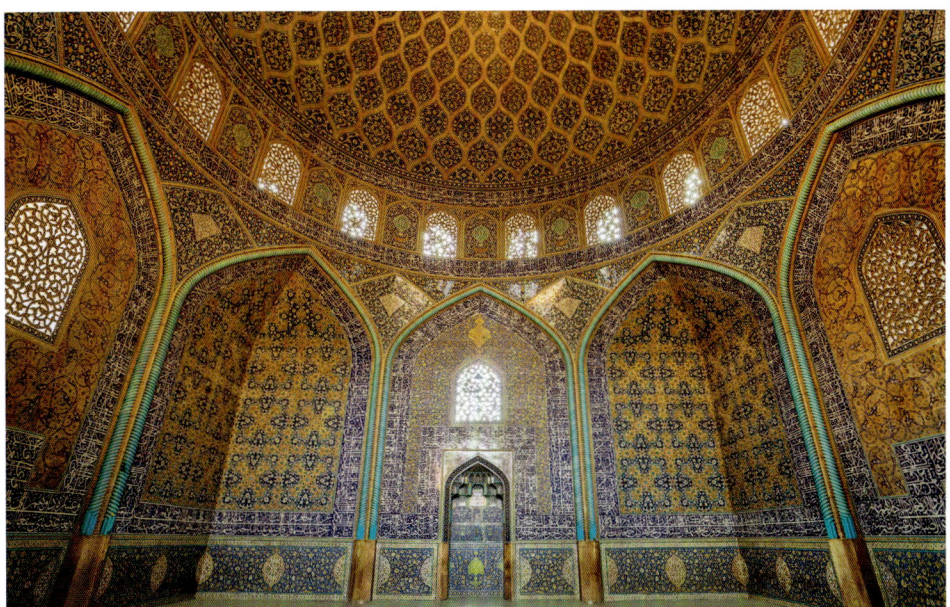

▶ 伊玛目清真寺不仅以其美丽的外墙立面令人印象深刻，其内部也极其富丽堂皇。

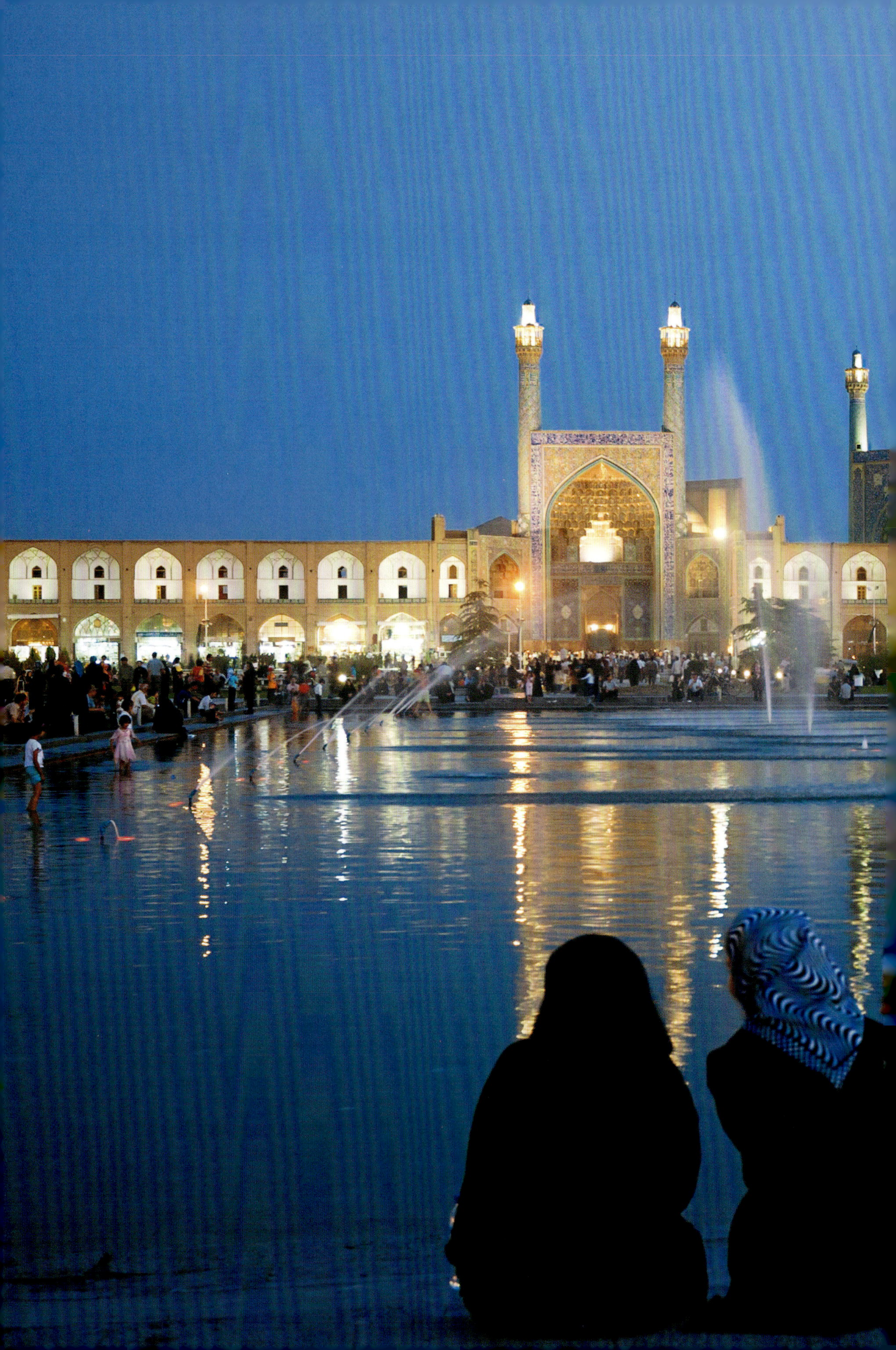

建于 1612 年至 1630 年的伊玛目清真寺坐落在宏伟的王侯广场上，是伊朗建筑艺术中的一颗明珠。1979 年，这片具有极高艺术价值的建筑群被列为世界文化遗产。

恰高·占比尔

恰高·占比尔位于伊朗西南部的胡泽斯坦省。该遗址中巨大的金字形神塔建于公元前13世纪，曾是圣城中心，被认为是古埃兰圣迹圣所中最杰出的建筑之一。

恰高·占比尔的金字形神塔是在埃兰国黄金时期的温塔舍·纳皮尔国王（公元前1275至公元前1240年在位）统治时期建造的，该国王还在首都苏萨附近建造了自己的行宫。该建筑群的中心被三面同心墙围绕，中心建筑为宏伟的金字形神塔（这是美索不达米亚和伊拉姆建筑的阶梯式庙宇塔的巴比伦名称，其外观基于《圣经》对于巴比伦塔的描述）。它是一座由未烘烤的土坯砖制成的五级塔，最初高52米，如今仅余25米。据推测，该塔可能覆有釉面砖，上层的外立面由鞍状砖（及黏土钉）制成。神塔可以攀爬，其平台上矗立着一座埃兰主神祇的圣所。巨大的金字形神塔周围是一片圣区，圣区中建有神庙，实际的城市位于方形圣区四周的围墙之外。

▲ 西南侧入口前矗立着一个圆形的祭坛。

舒什塔尔古代水利系统

位于如今伊朗西南部舒什塔尔市的水利系统拥有数千年的历史,早在波斯鼎盛时期便被视为世界奇迹。

位于胡泽斯坦省舒什塔尔市的水力系统的起源可追溯到公元前 5 世纪。在萨珊王朝统治期间,人们将克鲁恩河引入了舒什塔尔周围的引水渠中,舒什塔尔由此成为岛屿城市。地下水渠网为居民和农田提供水源。此外,人们还建造了许多水磨坊,并且在之后几百年精心设计修建了桥梁、人工瀑布和水坝,使得水力资源能够服务于新开垦的土地。舒什塔尔因此从四周近乎全是荒漠的地貌中脱颖而出,发展成为农业中心。此外,该市的灌溉系统是其不同历史影响的重要证明:除了具有埃兰、美索不达米亚和萨法维的特征,罗马人也在这里留下了印记。

▲ 一部分水力系统在前基督教时期便投入使用,并一直存留至今。

帕萨尔加德

帕萨尔加德("天堂花园")位于设拉子东北方向的扎格罗斯山脉海拔 1900 米的高原之上,现属伊朗法尔斯省,是阿契美尼德帝国的第一个首都。

古代波斯阿契美尼德帝国的建立者居鲁士大帝(约公元前 559 年至公元前 530 年在位)和他的继任者冈比西斯二世在公元前 559 年至公元前 525 年间下令修建帝国的第一个首都——帕萨尔加德。正是在这一辉煌壮观的首都所在之处,居鲁士大帝于公元前 550 年在决定性战役中击败米底王国国王阿斯提阿格斯。帕萨尔加德及其宏伟大门、宫殿、花园和居鲁士大帝陵墓被视为阿契美尼德艺术的非凡见证。圣区中坐落着带有祭坛的火神庙遗址以及国王的陵墓:一座双坡屋顶的长方体建筑位于 6 层地基之上。宫殿建筑群是帕萨尔加德最古老的范例。围墙之内曾经设有人工水道、湖泊和小型宫殿。帕萨尔加德的辉煌转瞬即逝:公元前 520 年,大流士一世将帝国的首都迁至波斯波利斯。

▲ 居鲁士大帝亲自下令修建自己的陵墓,工程直至他的儿子冈比西斯二世继任才得以完成。

波斯波利斯

阿契美尼德国王大流士一世下令在今伊朗西南部的一块半人工半天然台地上修建了波斯波利斯。该建筑群包括城门、宫殿、珍宝库、金銮殿及觐见大厅等。

  阿契美尼德王朝最重要的统治者大流士一世于公元前520年为这座宏伟的都市奠定了基石。尽管他届时已坐拥帕萨尔加德和苏萨两座都城，但他想通过首都向世界展示其帝国规模，于是在这片方圆12500平方米的台地上筑起了波斯-阿契美尼德艺术中最宏大壮观的整体艺术品。该皇家建筑群工程持续了近60年，大流士一世只见证了宫殿、宝库和觐见大厅阿帕达纳的落成。觐见大厅内竖立着36个近20米高的石柱，还装饰有精美的浮雕。大流士一世之子薛西斯一世继续践行父亲雄心勃勃的计划，却依然未能看见百柱大厅竣工——工程一直持续至大流士一世的孙子阿尔塔薛西斯一世时期。然而这一"大流士的梦想"在公元前330年被亚历山大大帝毁于一旦。伊朗最后一任大帝礼萨·巴列维在1971年下令对这座城市进行了部分重建。

▲▶ 庞大的宫殿建筑群是世界级帝国规模的象征。

西亚和中亚

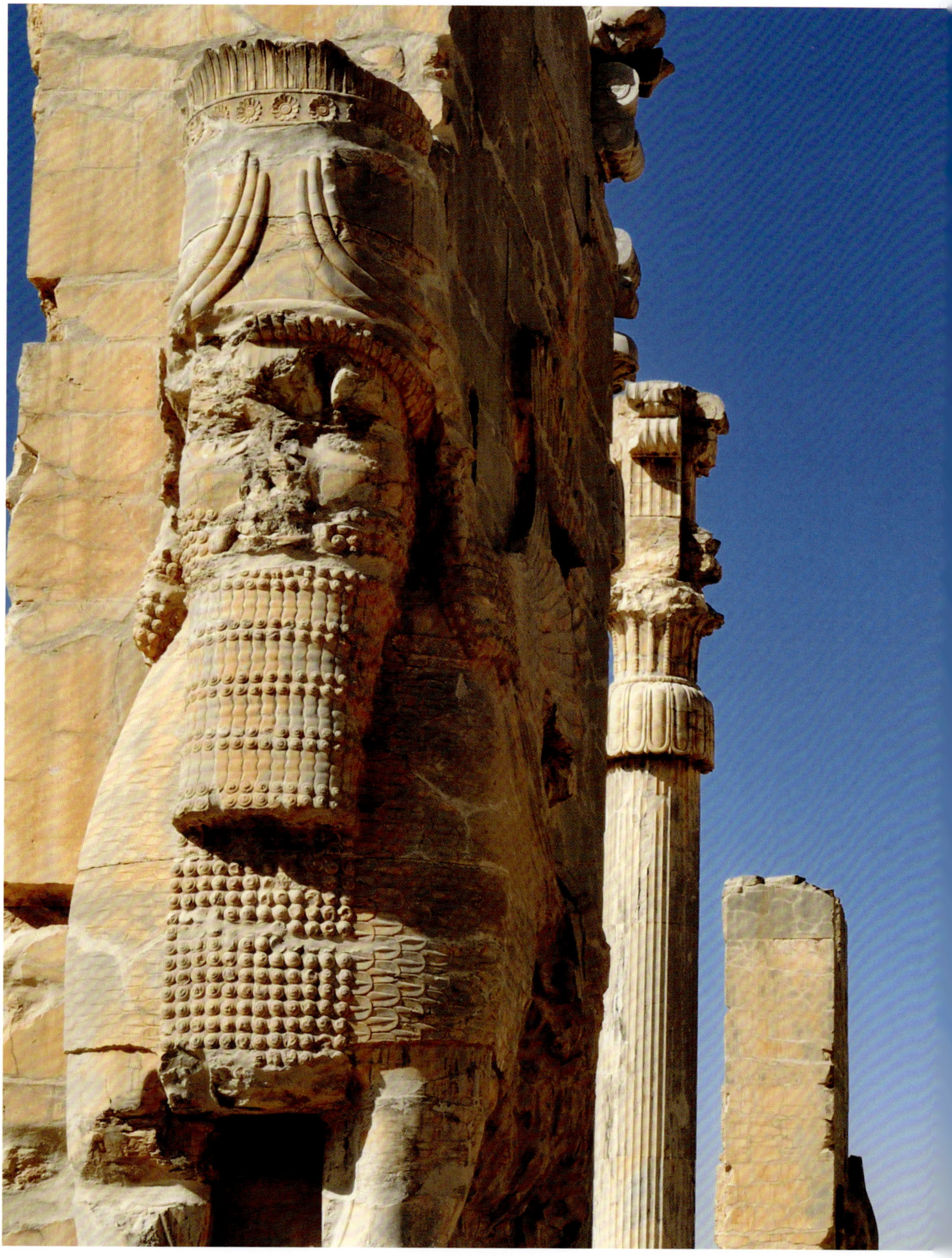

波斯波利斯的"万国之门"最初被设计为方形结构，长和宽均为 24.75 米，高 18 米。

波斯园林

分布于帕萨尔加德、设拉子、伊斯法罕、卡尚、贝沙赫尔、克尔曼、亚兹德、梅赫里兹和比尔詹德等9处不同地点的9座园林生动地展现了高度发达的波斯园林文化，被誉为"东方伊甸园"。

波斯园林是中东地区最古老的园林艺术形式之一。人们认为它是以对伊甸园的设想为原型，这种说法并非偶然，因为古伊朗语中的"围篱"一词与许多欧洲语言和希伯来语中的"伊甸园"一词相对应。对于伊甸园的想象也同样体现在波斯园林艺术的设计原则中，根据该原则，这类园林象征着由天、地、水和植物组成的世界的宇宙秩序。（太阳）光影在此与理想状态下永不干涸的水流同等重要，后者不仅可以在地下为园林提供灌溉水源，同时也可以在地上的水渠中流淌——这是牛奶、蜂蜜和葡萄酒的象征。这类园林中存留至今的最古老的遗迹位于设拉子以北、居鲁士大帝统治时期的古波斯都城帕萨尔加德中。

▲ 波斯园林以多种方式展现了人们对伊甸园的想象。

梅满德历史文化景观

梅满德村落及其周围地区位于伊朗中部克尔曼省山区海拔约2200米处。

在这个人迹罕至的地区，一种有上千年历史的古老文化得以存留，这种文化可能曾更为广泛地传播过。人们的生活方式与当地干旱的气候相适应：梅满德村由一系列窑洞住宅组成，这些窑洞住宅被凿刻在梯地软岩上，据推测已有2000—3000年的历史。当地居民是从事农耕和畜牧业的半游牧民族，会在严冬回到这里定居；在极端炎热的夏天，他们通常在海拔更高的牧场和草原上度过。梅满德村通过地下水渠，即所谓的坎儿井，从更高的区域获得水资源。只在峡谷中有一些由居民耕种而成的狭小绿洲。如今，约有140人居住在梅满德村。该村庄的一部分已改建为博物馆，向公众开放。

▲ 由于气候原因，该地区植被稀疏。建造于洞穴中的房间可以抵御高温侵袭。

巴姆城及其文化景观

巴姆城地处卢特沙漠边缘的绿洲，其起源可以追溯到公元前6世纪至公元前4世纪的阿契美尼德王朝。642年，阿拉伯人占领了巴姆。他们于650年建造了穆罕默德清真寺。巴姆城堡建于10世纪，它宏伟坚固，建成后不久就被认为是坚不可摧的。

巴姆位于重要贸易路线的十字路口，在长途贸易上获利颇丰。城中种植有棉花，纺织品制造业欣欣向荣。巴姆堡所在的核心城区被城墙环绕，如今这片区域被称为巴姆古城，在波斯语中被称为"阿格巴姆"，19世纪时已无人定居于此。这项世界遗产是一处包括占地约500平方米、海拔200米的高耸于城市上空的城堡在内的老城区建筑群——最初高大的城墙上设有4个巨大的大门通向城堡内部——除此之外还有集市、清真寺、荒漠商旅、寝殿和官署等。巴姆周围绿洲环绕，种有椰枣树等果树，还有城市园林，曾经可谓郁郁葱葱。

▲ 2003年的地震将巴姆古城（图片拍摄于震前）变成了一堆瓦砾。

沙赫里索克塔遗址

沙赫里索克塔，也被称为"希莱苏克特"或"沙赫尔-苏克特"。它位于伊朗南部锡斯坦-俾路支省，是发源于青铜时期的贸易城市。沙赫里索克塔遗址为劳动分工社会的形成提供了强有力的证据。

该城建于公元前3200年左右，其地基留存至今。沙赫里索克塔坐落于伊朗南部的盐碱草原之上，其干旱的沙漠性气候为考古遗址的保存提供了良好的条件。沙赫里索克塔地处中亚和美索不达米亚之间的中央贸易路线上，货物贸易与人员往来较为稳定，沙赫里索克塔因此发展成为一个贸易大都市。在这里，来自世界各地的材料在作坊中被加工成珠宝、服装和工具。出土文物证实了这里有来自阿富汗的青金石、南亚的大麻纤维和巴基斯坦的陶瓷。大型住宅区和工匠作坊区证明，当时的社会中已经存在多种职业分工和社会角色。最具有开创性的考古发现当属商人的私人印章和在女性身上的第一枚人造眼球。

▲ 该地区干燥的气候对于黏土建筑遗址的留存十分有利。

哈萨克斯坦

萨利亚喀：哈萨克斯坦北部的疏树草原和湖泊

这项世界遗产包括诺尔绰姆自然保护区、科尔加尔辛自然保护区以及大片中亚草原。自然保护区内的湿地对许多迁徙水鸟而言具有极其重要的意义，而草原则是许多当地特有的濒危鸟类和极度濒危的赛加羚羊的家园。

萨利亚喀（指"哈萨克斯坦的丘陵地区"），位于哈萨克斯坦的中东部，大部分海拔 300—500 米，在东部约 1000 米，其北部景观以草原为主，其南部则是多石的半沙漠化土地。诺尔绰姆与科尔加尔辛的湿地是迁徙水鸟从非洲、欧洲和南亚迁徙至西伯利亚西部和东部繁殖地的重要休憩地，其中包括许多濒临灭绝的物种或者极端罕见的物种。湿地由干湿相互作用形成，它的季节性、水文特征、化学和生物过程具有重要的科学意义。该世界遗产的草原地区为一半以上的本土草原植物提供了优质的生长环境。

▲ 鲜花（如图中的红色郁金香）在春天绽放，为萨利亚喀的草原增添了几许色彩。

泰姆格里考古景观岩刻

在泰姆格里附近，人们发现了数千个岩刻以及与之相关的人类住所和陵墓遗迹。

在天山北部伊犁河边的泰姆格里附近，大约有 5000 块岩石壁画——岩刻。大多数岩刻出自史前时期，最古老的可追溯至公元前 20 世纪下半叶。这些岩刻分布在 48 个设有人类定居点和坟墓的建筑群中，揭示了当时在畜牧养殖、社会组织和游牧民族礼俗仪式等方面的信息。许多岩刻上都呈现了猎人与鹿的场景，此外还绘有神的形象——究竟是佛陀还是湿婆，至今悬而未决。这一题材至少可以追溯到 8 世纪。遗址中的人类定居点分为多个层次，不同的层次不仅证明各个年代均有人在此居住，还为外来人口的影响提供了证据。

▲ 在泰姆格里周围约 10 千米内的山岩和石头上，都分布有岩刻遗迹。

霍贾·艾哈迈德·亚萨维陵墓

哈萨克斯坦突厥斯坦的霍贾·艾哈迈德·亚萨维陵墓是在帖木儿统治下建造而成的,是当时保存最完好的建筑之一。

▲ 陵墓大门的外立面上装饰的瓷砖色彩各异,呈现出多重几何图样。

　　霍贾·艾哈迈德·亚萨维是12世纪重要的苏菲教派讲师。作为伊斯兰教神秘主义方向的代表,他还将伊斯兰教前期的萨满教思想融入了他的学说中。该学派后来成为土耳其德尔维什教的基础。他一生中的大部分时间都在突厥斯坦(当时被称为亚瑟)居住,正因为如此,他的名字中有"亚萨维"一词,意为"来自亚瑟之人"。他于12世纪中叶去世。为了纪念他,人们竖起了一座小型墓碑,不久便有众多朝圣者前来拜谒。150多年后,帖木儿下令建造了一座更大的陵墓。波斯著名的建筑师们在这里尝试了一种创新的建筑形式,这种形式在帖木儿帝国的首都撒马尔罕的建设中也多有运用。这座陵墓长约60米,宽约50米,拥有中亚地区历史上最大、最完整的圆顶。

乌兹别克斯坦
伊钦·卡拉内城

保存完好的希瓦古城伊钦·卡拉内城拥有小巷、陵墓、清真寺、宣礼塔和伊斯兰学校，人们置身此地时，仿佛进入《一千零一夜》的童话世界中一般。

希瓦古城中被称为伊钦·卡拉的内城位于乌兹别克斯坦最西部的花刺子模州，与今天的土库曼斯坦接壤，曾是商队进入通往伊朗的沙漠前的最后一个驿站。伊钦·卡拉是中亚伊斯兰建筑的典范：内城的基础色调是浅沙般的赭石色，圆顶和宣礼塔的彩色陶瓷装饰闪耀其中。尤为夺目的是卡塔米诺宣礼塔和伊斯朗霍加宣礼塔上的华丽装饰，其中未能完工的卡塔米诺宣礼塔位于阿敏可汗伊斯兰学校前，这座现今28米高的塔楼按照最初的设计方案应高达70米。老城区如今是一座巨大的露天博物馆，宽400米，长720米，四周环绕着建有堡垒和厚重大门的黏土城墙。紧挨着城墙，建有源于17世纪的堡垒和昔日的王侯寝殿古纳亚克。19世纪初，阿洛酋汗在城市的另一端建造了一座新宫殿——塔什荷里新王宫。

▼ 卡塔米诺宣礼塔位于阿敏可汗伊斯兰学校前，外立面上装饰有美丽的釉面砖。这是一件未完成的作品。

布哈拉历史中心

布哈拉位于克泽尔库姆沙漠的一片绿洲中，曾经是丝绸之路的重要枢纽。

公元最初的几个世纪，丝绸之路将布哈拉与中国、印度及罗马连接起来，这座城市不仅因此获取了大量财富，其重要性也得到了大幅度提升。布哈拉曾经历过两个鼎盛时期：从9世纪到10世纪萨曼王朝时期和16世纪，当时城中不仅建造了许多宣礼塔和清真寺，还不乏特色的圆顶集市建筑。在历史悠久的城市中心沙赫里斯坦的边缘高耸着雅克城堡。在城市西部，宗教的象征物——波洛·哈兹清真寺——被置于世俗权力的象征物之前。源于10世纪的伊斯玛仪萨曼陵墓是由烧制黏土制成的、带有浮雕装饰图案的立方体，是中亚地区为数不多幸存下来的建筑之一。布哈拉的标志性建筑是建于

▲ 四塔清真寺于1535年末1536年初竣工。据称，教长阿卜杜拉·亚玛尼通过将什叶派信徒贩卖为奴筹得资金，完成了清真寺的修建。

12世纪、高度为46米的卡扬宣礼塔，曾经被判处死刑的罪犯正是在此被推至塔下。

沙赫利苏伯兹历史中心

帖木儿帝国统治者帖木儿将沙赫利苏伯兹设为陪都，后者是中亚最古老的城市之一。

沙赫利苏伯兹位于撒马尔罕以南约80千米处泽拉夫尚山脚下，因其园林而得其波斯之名"沙赫利苏伯兹"（"绿城"）。该地的历史可以追溯至亚历山大大帝时代。沙赫利苏伯兹作为帖木儿的故乡和帖木儿帝国的陪都，在14、15世纪达到了鼎盛；它的辉煌亦随着15世纪末帖木儿帝国的覆灭而消散。城中许多建筑群都源于帖木儿执政时期和帖木儿之孙、博学的天文学家兀鲁伯（1394—1449）统治时期：一座4000米长的城墙守卫着行宫，两条轴向的街道为对称的城市规划奠定了基础。由帖木儿家族不断扩建的帖木儿夏宫（"白宫"），如今仅有部分遗迹留存。保存较为完好的是东边帖木儿之子贾汉吉尔的陵墓。蓝色圆顶清真寺建于兀鲁

▲ 帖木儿的宫殿只留下两堵相对的残墙，墙砖饰有蓝色的花纹。

伯统治时期。同样源于这一时期的还有贡巴伊沙耶丹陵墓。

帖木儿

帖木儿（1336—1405）早早被赋予了暴戾之名。每当他夺取一座城市时，便会竭尽所能地践行这一名号。据说他在征服巴格达后，砍掉了9万颗头颅，用人头摞成了一个巨大的金字塔。帖木儿在欧洲被称为"塔梅尔兰"，他与他的骑兵勇士征服了从亚洲到地中海地区的广阔领域。作为突厥化蒙古人的后裔，他将自己视为成吉思汗的后代——然而他没有成吉思汗的政治谋略。帖木儿以蛮力贯彻自己的伊斯兰信仰：在叙利亚，基督徒要么"被皈依"，要么被杀害；在印度，他对自认为对待异教徒过于宽容的穆斯林统治者动武。帖木儿出生于现今乌兹别克斯坦的沙赫里萨布兹，因身体残疾被冠以绰号"帖木儿兰"（跛足帖木儿）。他建立的首都撒马尔罕曾是丝绸之路上的古老贸易中心。帖木儿及其继任者请来了最好的建筑师和艺术家，撒马尔罕城中因而诞生了一批独具特色的建筑，例如，

处于文化交汇处的撒马尔罕城

丝绸之路上的绿洲城市撒马尔罕以其伊斯兰艺术文化的杰作而熠熠发光。

关于撒马尔罕的最早文字记载可追溯至公元前329年，即亚历山大大帝攻占当时的马拉坎达之时。当时，贸易、手工业与文化就已经在这座泽拉夫尚河河谷边的绿洲城市蓬勃发展。从公元前1世纪开始，丝绸之路将中国与地中海地区连接起来，撒马尔罕成为文化的交汇处。这座富庶的贸易城市曾被外族占领，最终在1220年被成吉思汗的军队攻占。1369年，帖木儿将撒马尔罕设为其帝国的首都。他委托当时最好的艺术家、建筑商与科学家来建造一座宏伟的城市。他的孙子兀鲁伯是一位杰出的天文学家，在1447年成为帖木儿帝国的统治者后，继续践行帖木儿的计划。雷吉斯坦广场三面被伊斯兰经学院环绕，是中亚地区最宏伟的广场之一。

▲ 提拉·卡里神学院诞生于17世纪。它曾是撒马尔罕的古兰经高等学院和主要清真寺。祈祷室于1970年修复完成。如今，伊万、拱门与圆顶再次闪耀出璀璨夺目的金色光芒。

比比哈努姆清真寺或古尔·埃米尔陵墓，陵墓中藏有帖木儿的石棺，他的儿孙、他的老师与几位大臣也葬于此处。

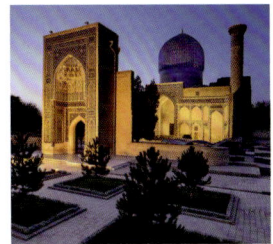

◀ 帖木儿（左图为其肖像画）曾短暂统治过一个从恒河一直延伸到地中海地区的庞大帝国。右图是宫殿般的古尔·埃米尔陵墓，它拥有一个瓜形、高34米的罗纹圆顶。这位残忍的君王被埋葬在这座建筑物的地穴中。

▼ 宏伟的兀鲁伯神学院、提拉·卡里神学院和希尔·达尔神学院（从左至右）环绕着撒马尔罕的雷吉斯坦广场。

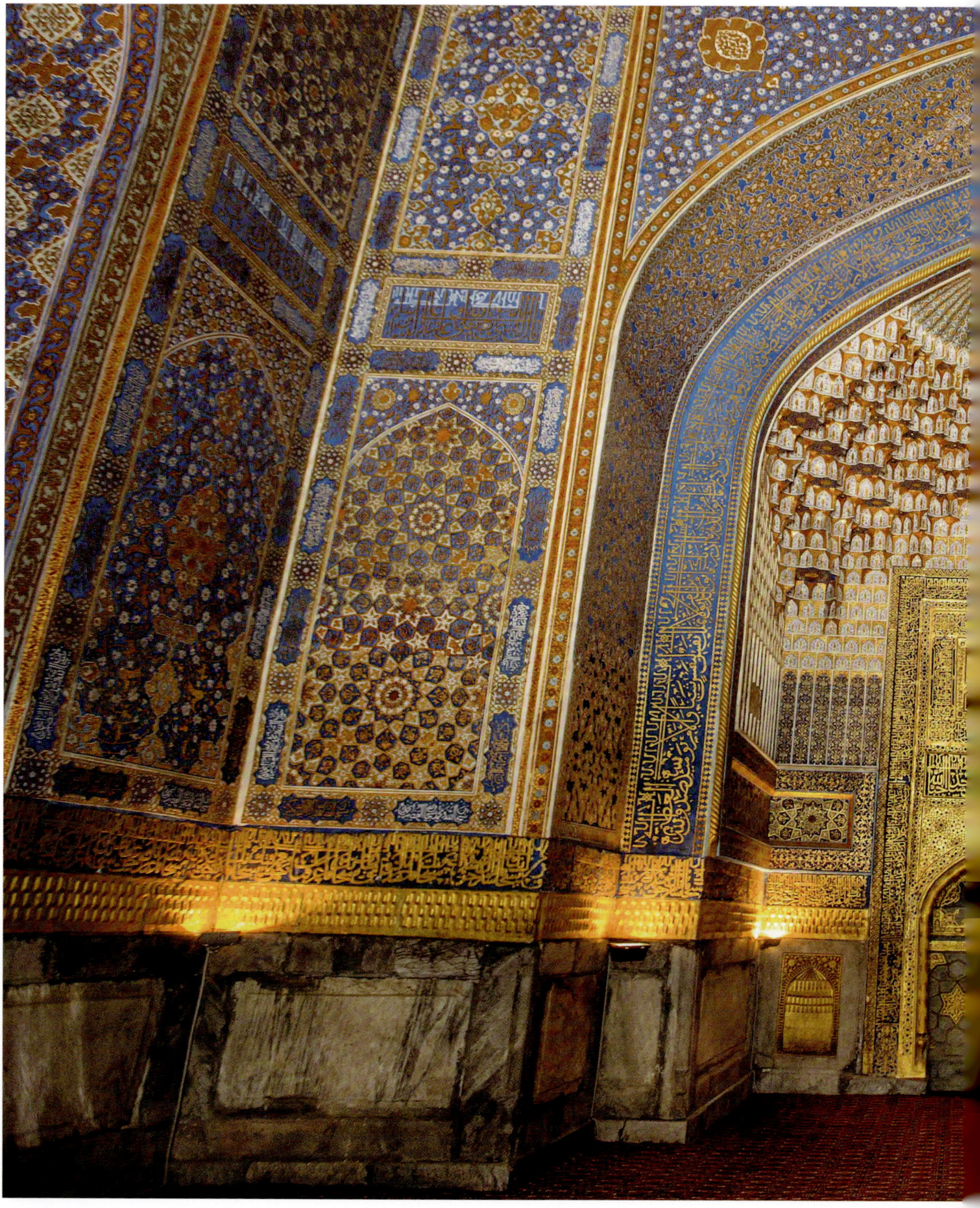

提拉·卡里在乌兹别克语中的意思是"镶金的"。在提拉·卡里神学院内部,雕镂精美的装饰无处不在。这座神学院属于雷吉斯坦广场建筑群,2011年被列为世界文化遗产。

土库曼斯坦
库尼亚-乌尔根奇

这座遗址城市位于土库曼斯坦北部,靠近乌兹别克斯坦的边境,阿拉伯人、塞尔柱人、蒙古人和帖木儿人都在此留下了印记。

　　库尼亚-乌尔根奇早在1世纪就曾是重要的贸易中心。712年,它被阿拉伯人占领;995年,它成为花剌子模帝国的首都,该帝国曾依靠先进的灌溉技术而变得富有。1043年,塞尔柱人夺取了这片土地。花剌子模于1194年解放了库尼亚-乌尔根奇后,其最大领土范围自里海一直延伸至波斯湾。1220年,成吉思汗(1162—1227)率军攻占了这座城市,但仅仅几年后,库尼亚-乌尔根奇便东山再起,进入了大都市的行列。

　　萨法维王朝的陵墓清真寺是这一时期保存最完好的建筑之一,也被称为图拉别克·哈努姆陵墓,它是乌兹别克汗的一位总督为他心爱的妻子建造的。14世纪末,帖木儿帝国在5次战役中征服了花剌子模帝国。库尼亚-乌尔根奇再遭摧毁,最终在17世纪被彻底遗弃。

▼ 库尼亚-乌尔根奇最大的墓地是图拉别克·哈努姆陵墓。其高高的内部圆顶上装饰着非常精细的几何图案。

梅尔夫遗迹

卡拉库姆沙漠中的绿洲城市梅尔夫是土库曼斯坦最重要的文化瑰宝,曾是多个帝国的首都。城中的遗迹为约4000年的历史提供了信息。

梅尔夫在古波斯文本中被叫作"马雷"或"马鲁",是古代波斯,即阿契美尼德帝国总督的住所,该帝国于公元前4世纪在亚历山大大帝的领地上崛起。在阿拉伯统治下,这座丝绸之路上的贸易城市在7世纪被重建为霍拉桑帝国的首都,并且最终发展成为伊斯兰向中亚扩张的起点,后延伸至中国。在阿拔斯王朝(750—1258)时期,梅尔夫成为重要的学术中心,吸引了来自伊斯兰世界各地的思想家。

在塞尔柱苏丹桑贾尔及其继任者的领导下,这座城市于12世纪达到鼎盛——他们将梅尔夫扩建为宏伟的国都,城外加筑了防御工事。然而它的辉煌转瞬即逝:1221年,蒙古人攻占了这座城市。数百年后,幸存至今的最引人注目的建筑之一是源于12世纪的桑贾尔陵墓。

▲ 曾经的少女堡垒基斯·卡勒前如今仅有几面墙孑立。

尼莎的帕提亚要塞

公元前 3 世纪至公元 3 世纪，帕提亚国王统治着横跨幼发拉底河流域到印度河流域的巨大帝国。在阿什哈巴德附近的尼莎出土的文物为这一时期的确定提供了证据。

阿尔沙克一世是帕尼部落人民的首领。他于公元前 250 年左右起义反抗塞琉古总督，并且逐渐征服了波斯帝国，其统治王朝阿尔沙克不久后自立为帕提亚帝国。他们采用波斯的传统，并且与伊朗人民融合。

这座城市于 20 世纪 30 年代被发现。尼莎要塞被分为拥有皇家堡垒的老尼莎和大多数居民居住的新尼莎。老尼莎是一座占地 14 公顷的废墟土堆，四周包围着建有 40 多座塔台的堡垒土墙。人们还在中央建筑群中发现了 5 座重要的建筑物。

新尼莎也有高达 9 米的连续围墙，按照不同的定居时间分为不同阶段。224 年帕提亚帝国覆灭后，仍然有人在此定居，直到蒙古人攻占这座城市。与之相反，老尼莎在 3 世纪初就已经被遗弃。

▲▼ 尼莎曾经是帕提亚帝国的首都，直到 20 世纪 30 年代才被发现，如今已成带有墙壁和建筑物遗迹的废墟。

吉尔吉斯斯坦
苏莱曼 - 图圣山

苏莱曼-图是中亚高地的一座多峰石山，靠近位于丝绸之路重要贸易路线交汇处的吉尔吉斯斯坦城市奥什，是伊斯兰教和早期的伊斯兰信徒的圣山，也是吉尔吉斯斯坦的首个世界遗产。该项遗产包括石器时代和青铜时代的发现，以及岩画、朝圣圣地、历史路线和清真寺。

1500 多年以来，信徒们前往丝绸之路上的石山朝圣。据说参拜 1100 米高的"所罗门王座"（苏莱曼 - 图圣山）有助于对抗不育症和减少痛苦，并且可延年益寿。考古学家在这里已经发现了 100 多幅描绘着人、动物和几何图形的史前岩画。这些岩画见证了长达数千年的圣山崇拜。直到 16 世纪为止，这座山一直被称为"巴拉 - 库"（意为"美丽的山"）。错综复杂的人行道连接着各个朝圣圣地，其中 17 个至今仍在使用中。同样在 16 世纪，这座山也成了穆斯林的圣地。当时在苏莱曼 - 图圣山上建了两座清真寺。古以色列人的国王所罗门被穆斯林尊为先知。

▼ 这座石山长期以来都是备受欢迎的朝圣之地。

塔吉克斯坦
萨拉子目考古遗址

萨拉子目遗址位于塔吉克斯坦的泽拉夫尚河河谷，临近乌兹别克斯坦边境，是公元前 4000 年至公元前 3000 年中亚文化历史和定居历史的独特见证。

　　萨拉子目是中亚最古老的定居点之一。考古发掘使宫殿、寺庙、公共建筑、房屋、粮仓和作坊重见天日，它们揭示了该地区早期城市生活的文化特点和社会状况。宫殿建筑群在两个大厅中设有中央祭坛，这说明当时宗教仪式已经存在。公元前 3000 年左右，青铜时代的萨拉子目是中亚最大的金属开采（和金属加工）中心之一，文化交流十分频繁。铜、青铜和黄金制成的锻造工具和手工艺品的碎片（秤砣、刀、匕首、钓钩和珠宝）为这一点提供了有力证明，它们与较远地区中发现的同类碎片非常相似。陶瓷容器上的装饰品和一个贝壳手镯也证实了早期的以物易物已经发展成为跨欧亚大陆的商业活动。

▼ 萨拉子目是一个原始城市聚落，位于具有古老韵味的景观中。

塔吉克斯坦国家公园（帕米尔山脉）

该国家公园几乎占据了整个帕米尔山脉——世界上第三高的生态系统。喜马拉雅山脉、喀喇昆仑山脉、兴都库什山脉、昆仑山脉和天山山脉都自帕米尔山脉向外延伸。

塔吉克斯坦国家公园的东部由高原组成，西部为海拔 7000 多米的崎岖山区，整个公园没有植被而又异常美丽。此处多个深不可测的山谷与被冰川覆盖的山峰交错相连。在国家公园的 1000 多个冰川中，长达 77 千米的费琴科是极地地区以外世界上最长的冰川。帕米尔山脉非常活跃。大约 100 年前的一次地震造就了深蓝色的萨列兹湖；一场巨大的山体滑坡淹没了乌索伊村，并且完全阻塞了山谷。大约 500 万年前，帕米尔最大的湖泊——卡拉库尔湖在一个陨石坑中形成。尽管昼夜变换及季节轮转都会给帕米尔山脉带来极端的温度波动，这里仍然蕴藏着丰富的主要源于中亚的高山植物群。

▲▼ 塔吉克斯坦国家公园以其多山的美景令人流连忘返。

阿富汗
贾姆宣礼塔和考古遗址

贾姆宣礼塔位于阿富汗西部古尔省,是伊斯兰中世纪建筑和装饰风格的典型范例。

世界上第二高的贾姆宣礼塔耸立在哈里河上的狭窄山谷中,位于恰赫恰兰以西兴都库什山脉的荒凉山区:这座高65米的宣礼塔建于1194年,是一座装饰华丽的砖质建筑,其上饰有瓷砖。它是古尔王朝时代的象征,古尔王朝在12世纪和13世纪统治了这一地区,其影响范围一直延伸到印度次大陆——德里著名的古德卜尖塔就是仿照贾姆宣礼塔而建的。古尔王朝衰落后,贾姆宣礼塔早已被人遗忘,直到1957年被一支考古探险队发现。遗址中出土的城堡、宫殿、一座犹太公墓、一个集市以及宣礼塔附近的防御墙都具有历史意义。由于未得到充分保护,该遗址被列入濒危世界遗产的红色名录。

▼ 宣礼塔的外部装饰有几何图案与铭文带,上面复刻了《古兰经》第19章的文字,里面描述的是伊斯兰版本的耶稣诞生故事。

巴米扬山谷的文化景观和考古遗址

巴米扬河谷位于阿富汗首都喀布尔西北约 200 千米处，因其位于重要的贸易路线上而举足轻重。

巴米扬位于中国和地中海、印度和中亚之间的贸易与朝圣路线的交汇处，是希腊文化与佛教的相遇之处。与佛教关系密切的迦腻色伽一世可能在 1 世纪统治过贵霜帝国，他为巴米扬成为佛教中心和学者、朝圣者的目的地奠定了基石。在他的统治下，人们在巴米扬山谷的岩壁上开凿出了约 900 个洞穴，并且用宗教壁画和石膏花饰对洞穴进行了装饰，后又雕刻了两尊巨大的佛像——这些雕像如今已不复存在：该地区很快被伊斯兰教化，2001 年 3 月，这两尊佛像被塔利班炸毁。

▲ 在刻有两尊大佛像的岩壁上，还设有供僧侣居住的岩洞。

◀ 富士山在一日之内会呈现出不同的容貌。

▼ 故宫西北角楼一瞥，约50米宽的护城河围绕着北京故宫。故宫四角都有这样的塔楼。

东亚

蒙古

乌布苏湖盆地

该盆地得名于蒙古北部的内流咸水湖乌布苏湖。这项世界遗产横跨蒙古和俄罗斯的边界，由两国共同拥有。

乌布苏地区长 600 千米、宽 160 千米，从蒙古一直延伸到俄罗斯境内的图瓦共和国。该地区最独特之处在于，人们可以在狭小的地域内找到中亚地区几乎所有的生态系统类型：湿地、荒漠、各类草原和森林、河流、淡水湖泊、高山以及永久冰雪带。此外，国家公园中还有形态奇异、常呈枕状的风化山、花岗岩礁石和山壁。早在数千年前，居住在蒙古包中的游牧民族就已经在开发和利用盆地中水草丰茂的地区；而如今，得益于当地稳定的生态系统，人们也以该地区为观测点研究世界范围内的气候变暖现象。在盆地内不同的生态系统中，生活着许多当地特有的植物和无脊椎动物。乌布苏咸水湖和捷列霍尔淡水湖是海鸟和海豹的栖息地，在春秋两季，这里也是候鸟迁徙途中的落脚地。自 1997 年起，乌布苏湖盆地作为生物圈保护区被列为世界自然遗产。

▲ 乌布苏湖盆地中的游牧民族带着他们的牲畜不断地辗转迁徙，他们所居住的传统的蒙古包也与这种生活方式相适应。

阿尔泰山脉岩画群

在这一中亚山系位于蒙古境内的部分，大量岩画记录下了超过 1.2 万年的文化和人类史。

阿尔泰山脉位于哈萨克斯坦、俄罗斯（西伯利亚）、蒙古和中国四国交界地区，北起西伯利亚南部的额尔齐斯河和鄂毕河发源地，向南延伸至中国新疆干旱地区和蒙古高原东部，全长 2100 多千米，是一座冰川覆盖的高山。其最高当属拥有双峰的别卢哈山，海拔 4506 米。阿尔泰山脉由 3 个部分组成：俄罗斯阿尔泰山，早在 1998 年就已被列为世界自然遗产；蒙古阿尔泰山，在海拔 4374 米、发育有冰川的友谊峰处转而向西，延伸约 1000 千米；戈壁阿尔泰山。2011 年，蒙古阿尔泰山脉中的石刻遗迹群（和随葬纪念碑）被列为世界文化遗产，其中最古老的一批画作大多描绘狩猎主题，可以追溯到公元前 1.1 万年到公元前 6000 年之间，当时这一地区还被森林覆盖着。

▲ 这些岩画为研究自然环境变化和文明发展的轨迹提供了线索：从原始的森林地带到草原景观，从食物采集者和猎人到骑马的游牧民族。

鄂尔浑峡谷文化景观

杭爱山中的鄂尔浑峡谷文化景观一方面包括辽阔的牧区，至今仍有部分蒙古人在这里过着游牧生活；另一方面也包括哈剌和林周边大范围的考古遗址。

鄂尔浑峡谷位于杭爱山，是蒙古帝国的发源地。13—14世纪时，成吉思汗的继任者将哈剌和林定为首都，并在这里统治整个帝国。不过，鄂尔浑峡谷在此前很久便已有人定居。不难看出，从6世纪开始，这里就已经建立起覆盖中亚大部分地区的政治中心。被列为世界文化遗产的地区包括鄂尔浑河两岸的大片牧场和众多的考古遗址。蒙古人信仰的藏传佛教（喇嘛教）也起源于鄂尔浑峡谷。人们在此发现了额尔德尼召寺（光显寺），其建于1586年，由阿巴岱汗主持。鼎盛时期，寺院里居住着1万名僧人。1937年，额尔德尼

▲ 鄂尔浑峡谷的广阔牧场为蒙古人饲养马匹或其他牲畜提供了理想的条件。

召寺被彻底毁坏，后又于1990年重新建造投入使用。

布尔罕和乐敦圣山

布尔罕和乐敦圣山无论是对蒙古人还是对他们的历史来说，都有着巨大的象征意义。

成吉思汗传说出生在圣山周边，也葬在此处。这位举世闻名，同时也谤满天下的帝王统一了蒙古草原上的各部落，建立起一个东达太平洋、西至东欧的帝国。但早在成吉思汗之前，这座山及其周边地带就已被尊为圣地，并且被认为是丰饶之神的居所。事实也的确如此：圣山是多条河流的发源地，它们为这一地区提供了丰沛的水源。据说成吉思汗本人也认为这座山具有神奇的力量，并且在此建造了自己的陵墓。尽管人们已经在圣山周边发现了不计其数的墓葬，成吉思汗墓却依然未见踪影。其孙忽必烈在圣山修建了祭祀场所，直到15世纪，这里都是祭祀成吉思汗的中心。即便在16世纪佛教经由西藏传入蒙古后，布尔

▲ 布尔罕和乐敦圣山位于蒙古北部，海拔2445米。圣山山顶装饰着祈祷用的经幡。

罕和乐敦圣山依然被奉为圣地，甚至被用于佛教的祭祀活动，直至今日。它同时还是汗肯特自然保护区的一部分。

086　一生必去的世界遗产：走进亚洲

额尔德尼召寺东边的庙宇内有一尊金色佛像，其展现的是佛祖年轻时候的样子。可惜许多珍宝后来被破坏殆尽。

中国

新疆天山山脉

天山山脉从塔吉克斯坦一直延伸到中国并深入中国境内，全长近 2500 千米。天山在新疆的部分共有 4 个片区被列为世界自然遗产，总面积约 6000 平方千米。

这项世界自然遗产西起托木尔峰（海拔约 7435 米），向东依次为喀拉峻 - 库尔德宁地区和巴音布鲁克，东至博格达山脉及其同名主峰（海拔 5445 米），还包括塔里木盆地中塔克拉玛干沙漠的一部分。该地区风景优美，标志性的景观包括高山和冰川、茂密的草甸和森林、清澈的河流和湖泊、宽阔的山谷和狭窄的峡谷等；而南坡干旱的沙漠景观又与北坡迥然不同，两地的生态环境形成了炎热与寒冷、干旱与湿润、丰富与单调的鲜明对比。

"天山"意为像天一样神圣的山脉，山上著名的"天池"也得名于此。这里的地形和生态系统受冰河时期的影响很大，并且自上新世以来从未改变，动植物群因此有足够的时间来适应当地多样的生态环境。

▲ 在天山脚下，奎屯大峡谷蜿蜒穿过整座山脉。

元上都遗址

元上都是元朝开国皇帝忽必烈富有传奇色彩的夏季行宫，由元代著名政治家、城市规划师与设计师刘秉忠于 1256 年设计完成。

对这座都城最早的描述来源于马可·波罗。据说，他曾于 1275 年到访元上都，是最早来到这里的一批欧洲旅行者之一。他在游记中描述了金碧辉煌的宫殿和华丽的花园，蒙古帝王会带着猎鹰漫步其中。元上都的宏伟程度也在后世许多文学作品中得到描述。这座都城位于北京以北约 270 千米处，地处内蒙古，根据传统的风水理论修建而成：帝王的宫殿位于正方形内城的中心，围绕内城建有同样呈正方形的外城，面积约 250 平方千米的建筑群和谐地融入丘陵地形之中。忽必烈建立元朝、各游牧民族融合、传播藏传佛教等意义深远的政治和宗教决策，都是在此做出的。

◀ 面对这片断壁残垣，很难想象出元上都曾经的恢宏气势。

莫高窟

佛教经由丝绸之路传入中国。在丝绸之路沿线的甘肃敦煌，坐落着世界现存最大的佛教艺术群——莫高窟。现存洞窟735个，有492个洞窟装饰着壁画和彩塑。

千百年来，无论是商贾、将领还是纯朴的僧人，都在敦煌这片富饶的绿洲上表达自己对神灵的祈求和感谢，以及对救赎的渴望：他们在附近一块岩壁上开凿洞窟，在洞窟内装饰以描绘佛祖释迦牟尼生平、表现此世和彼岸场景的壁画，并且附有丰富的佛教纹饰。1900年，一位道士在第17窟发现了一个砌在墙后的藏经洞，洞内藏有4世纪至11世纪的5万多件文书、佛教经卷等文物。莫高窟内一度曾有上千个洞窟，其中超过一半已经在漫长的时光中坍塌。这些洞窟分为几层，依次排列在长达1600多米的岩壁之上。洞中保留着约4.5万平方米的壁画和约3000尊彩塑，其高度从10厘米到30多米

▲ 图为莫高窟内众多佛像中的一座。

不等，是丝绸之路对亚洲各地文化交流的重要意义的见证。

丝绸之路：长安—天山廊道路网

联合国教科文组织将丝绸之路的这一路段列入《世界遗产名录》，意在强调这条传奇般的贸易路线对经济和文化交流的重要意义。

从公元前2世纪到公元16世纪，丝绸之路一直连接着中国与欧洲。它不是一条孤立的贸易路线，而是由分岔众多的商道组成的路网，横跨西亚和中亚，向南最远可以延伸到印度。被列为世界遗产的路段东起中国四大古都之一的洛阳，西达哈萨克斯坦南部的七河地区和吉尔吉斯斯坦，全长5000多千米。它属于丝绸之路的一条主干道，位于塔克拉玛干沙漠以北，沿天山山脉通往西亚。在中国、吉尔吉斯斯坦和哈萨克斯坦三国的共同努力下，长安—天山廊道路网被联合国教科文组织列入《世界遗产名录》，路段沿线33处重要的考古遗址也同样被纳入这项世界遗产的保护范围。

▲ 人们将天山的这一部分称为"火焰山"，柏孜克里克千佛洞就坐落在不远处。

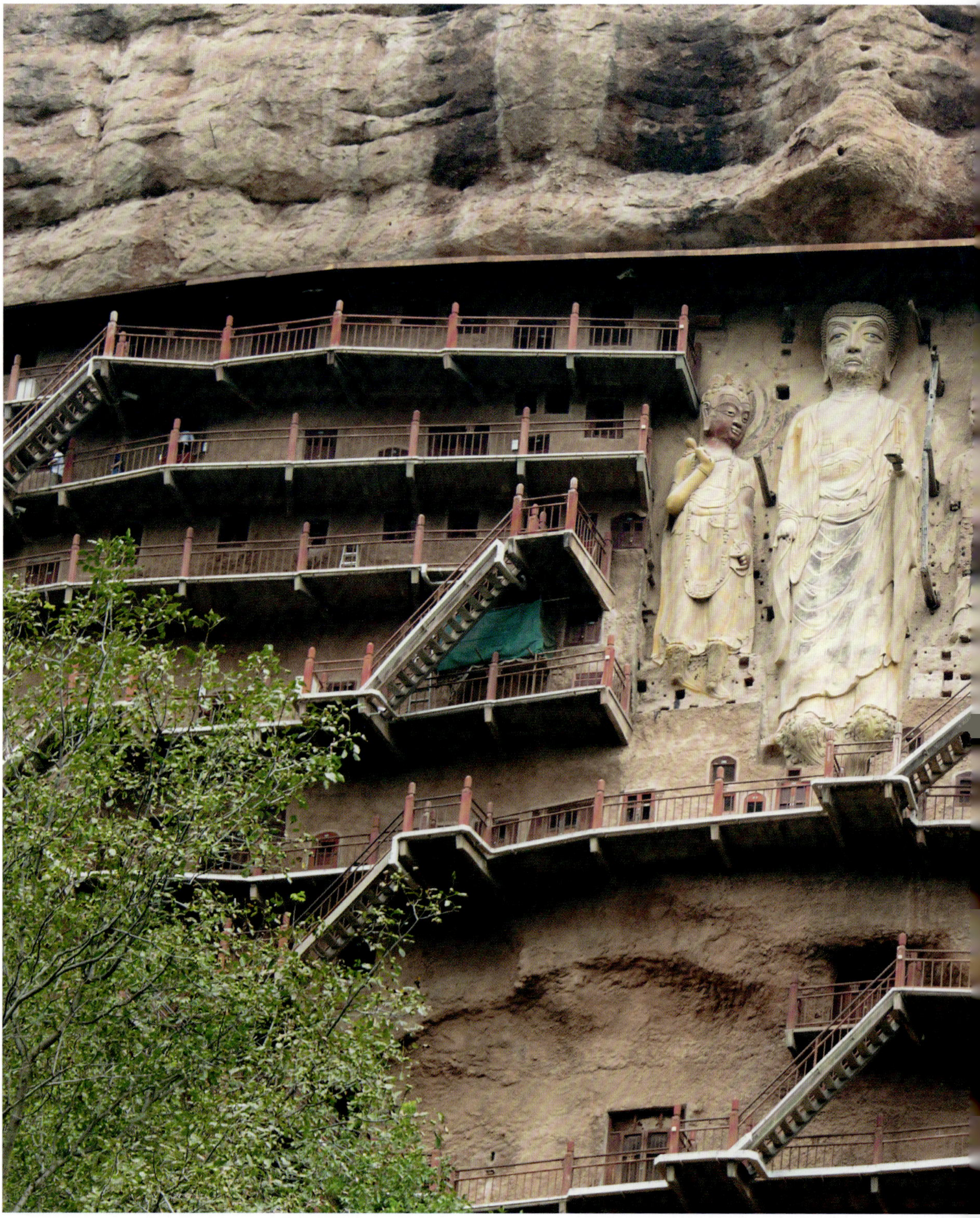

这座巨大的弥勒佛像创作于6世纪,开凿于石窟所在的位于丝绸之路上的麦积山。狭窄的露天台阶和平台将各个洞窟连接了起来,窟内有数不胜数的陶土塑像。遗憾的是,出于文物保护的原因,游客只能参观少数洞窟。

承德避暑山庄及其周围寺庙

清朝皇帝的避暑山庄将中国南方的园林艺术巧妙地融入北方以森林和草原为主的景观之中。这项世界文化遗产还囊括了乾隆皇帝在避暑山庄周边修建的各种佛教寺庙。

▲ 皇帝的避暑山庄坐落在高地之上。由于有充足的水源供给,这里被视为消夏避暑的理想地点。

位于皇家猎苑必经之路上的承德是清朝皇帝发现的躲避北京暑热的绝佳去处。这里的第一座行宫建于 1703 年,直到 1790 年还在不断地扩建和改造。得益于当地丰沛的水源,避暑山庄得以采用南方园林的建筑风格,坐拥湖泊堤岸、水榭桥梁。山庄内的宫殿建筑也比北京皇城显得更加简朴舒适。夏天,皇帝就在这里理政办公,接待来自各地的官员与使节。1793 年,乾隆帝甚至还在承德接见了一个英国使团,但拒绝了他们开放中国港口、实行自由贸易的要求。

周口店北京人遗址

在周口店一个岩洞内厚达 50 米的堆积层中,出土了一具古人类的骨骼,它为人类演化过程的研究提供了重要的启发。

▲ 对周口店及其周边多个岩洞的考古发掘工作直到今天仍在进行。

位于北京郊区的周口店保留着一座人类进化史的宝库。1929 年至 1937 年,人们在这里的一个岩洞内发现了原始人类的遗骸,包括头盖骨和下颌骨等。根据最新检测数据,其中最古老的可以追溯到 70 万年前。该化石后被定名为"北京人",属于直立人种,身高约 150 厘米,大脑比智人小 1/3。

关于洞中的原始人在多大程度上已能使用火,并且能进行大规模的狩猎,至今仍存在争议。洞中出土的工具也只包括简易的石斧。

在该遗址周边随后又发现了距今 1.8 万年至 1.1 万年的智人(今天的人类)骨骼化石,这一系列发现对研究人类演进过程具有重要价值,其贡献超过世界上任何一处考古遗址。

高句丽王城、王陵及贵族墓葬

这项世界遗产由高句丽时期的 3 座王城和 40 座墓葬组成，3 座王城最初仅有部分出土。高句丽在公元初的几个世纪中统治了今中国东北部分地区和朝鲜半岛北部。

高句丽于公元前 2 世纪建国，于 4 世纪向北扩张并因此与中原政权发生军事冲突。427 年，高句丽迁都平壤。王国在 5 世纪达到鼎盛，后于 7 世纪覆灭。

中国这处考古遗址包括位于今吉林省集安市境内的 3 座城池——五女山城、丸都山城和国内城，以及 40 座墓葬，其中 14 座为贵族墓葬。尤其值得一提的是，在规模宏大的墓室中还装饰着精美的壁画，极富特色。如今高句丽是中国历史的一部分。

▲ 奢华精致的陵墓是对昔日的国王及王室成员的纪念。

明清皇家陵寝

在中国，帝王陵墓的选址是在谨慎考量下决定的。

明、清两朝的皇陵集中展示了中国封建时代的世界观和权力观。位于江苏南京东部的孝陵是明朝开国皇帝洪武帝（1328—1398）的陵寝，也是中国古代最大的墓葬之一。孝陵的兴建在洪武帝生前便已开始，由他的儿子和继承人永乐帝（1360—1424）完成。清朝则以两个气势恢宏的皇家陵墓建筑群著称，二者均位于距北京 100 多千米处。清东陵位于河北省遵化市，始建于 1661 年，由 5 座帝王墓和多座陪葬墓组成。清西陵位于河北省保定市，始建于 1730 年。

▲ 清东陵中定陵的牌楼门，为五间六柱冲天式。

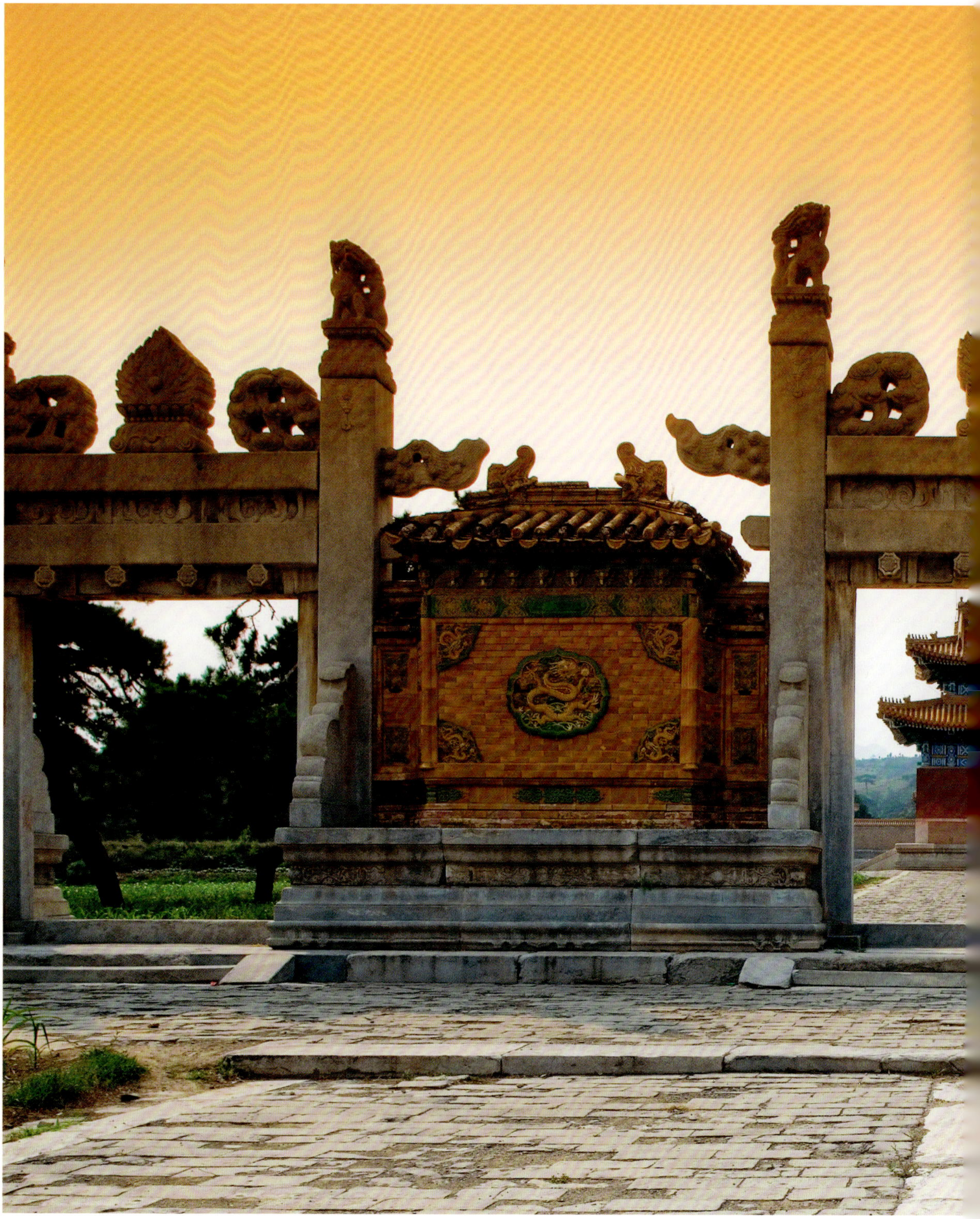

位于河北省保定市的清西陵一共葬有4位皇帝、9位皇后、将近60位妃嫔以及多名公主、阿哥和亲王。该皇陵建于雍正年间，泰陵坐落在陵园中央。

北京故宫和沈阳故宫

这项世界遗产包括建于明朝的北京故宫，以及清朝初年修建的沈阳故宫。由于禁止普通人进入，北京故宫在历史上也被称为"紫禁城"。

中国的皇帝被称为"天子"，因为他不仅肩负着维护天下和谐的责任，还是沟通天与人的媒介。因而明成祖朱棣在定都北京后，也按相应的标准兴建了新的皇宫：宫殿建筑群朝正方位布局，总体呈长方形，长961米，宽753米，沿南北中轴线整齐排列。总建筑面积约为72万平方米，四面围有城墙和护城河。宫殿各处设计都有着丰富的象征意义：装饰在房梁、龙椅和皇帝龙袍上的云龙纹饰象征着皇帝的权威和它带来的福泽，屋顶上的黄色琉璃瓦也仅供皇家建筑专用。沈阳故宫建于清朝初年，共有建筑114座。

▲ 北京故宫养心殿内景。

▲ 如今，普通市民也可以参观紫禁城内的建筑。

北京皇家祭坛：天坛

天坛是中国古代最重要的祭祀场所。皇帝每年都会在这里祭天。

  天坛建筑群的总面积比紫禁城更大，南部的圜丘是整个建筑群的中心，以汉白玉砌成，呈阶梯状。在一年中黑夜最长的一天，也就是冬至日，皇帝会在大量执事人员的陪同下在此敬献丝帛和牺牲。祭坛上曾经安放着代表上天和各种天象（日月、星辰、雷电），以及皇帝祖先的神位，这些牌位如今被保存在皇穹宇的大殿及其偏殿中。若要谈及整个天坛建筑群中最精致的一座，则当数祈年殿。顶上的三重蓝色琉璃瓦是它最醒目的特征。它可能是中国最和谐的建筑，整体象征着时间的循环：4根主柱（"龙井柱"）象征一年四季，中间的12根"金柱"象征12个月份，外围的12根"檐柱"象征一天12

▲ 皇帝会在祈年殿斑斓夺目的大殿中向上天祈求丰收。

个时辰。时间若是能按规律运行，雨水和日照就能及时而至，也就为丰收提供了保障。

长城

这处中国古代巨大的边防工事是前现代历史上最大的建筑工程，举世闻名。长城的修建持续了2000多年之久。

  公元前214年——秦始皇统一中国后不久——首次出现了在北方边境修筑"长墙"的记载。这道边界墙建设之初便是为了将北方各部落长期拒之于外，而在此后的1900年间，如何在草原游牧民族的侵扰下保护中原农耕文化，也成了一个不断重复出现的课题。在此期间，这处防御工事也几经倒塌和重建。15世纪至16世纪，明朝的皇帝不仅重修了城墙，还对其进行了扩建与加固，使长城在规模和强度方面超越了以往任何一个时代，由此形成了如今绵延8000多千米的宏伟建筑（历史总长度超过2.1万千米）。长城从渤海湾到黄河一段的城墙平均高达7—8米、宽达6米，城

▲ 长城是中国最著名的，同时也是世界上规模最大的建筑工程。直至今日，对长城的修缮仍在持续进行。

墙上的瞭望塔主要用于安置士兵，也可通过烽火快速传递军情。

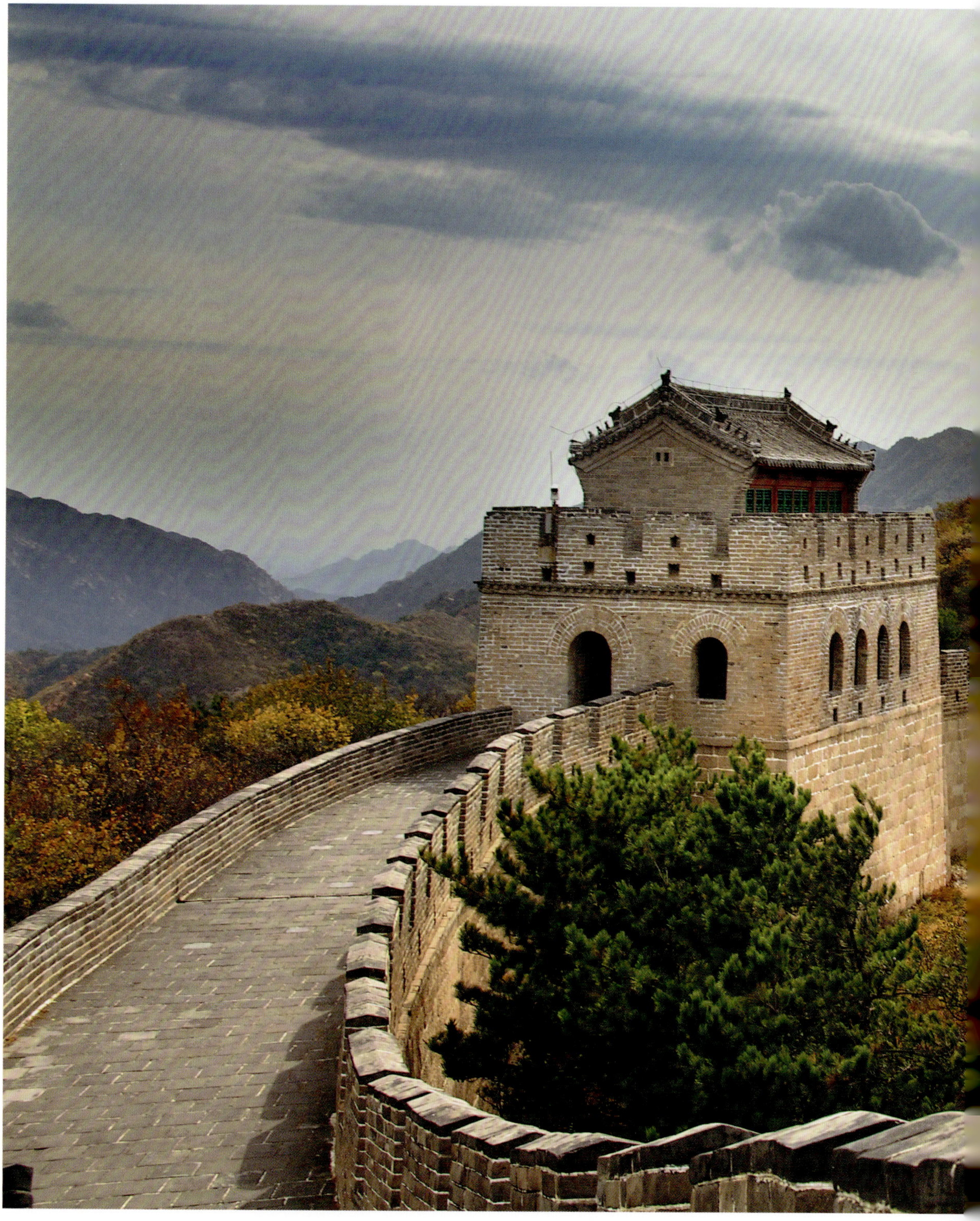

古代中国宏伟的界墙是前现代历史中规模最大的建筑工程。1958年正式开放的八达岭长城是第一段允许游客参观的长城。如今，数百万的游客来到这里，领略长城的雄伟。

北京皇家园林：颐和园

颐和园是中国封建王朝最后一项大型宫殿建筑工程，也是建筑艺术与景观设计完美交融的体现。

颐和园始建于 1750 年，1860 年毁于鸦片战争，后来又于 1888 年得以重建。它与其说是一处皇家建筑，不如说是一座富有自然气息的公园。颐和园能以今天的面貌示人，是因为慈禧太后：正是她在 19 世纪末下令重修颐和园，来作为颐养之地。为此，她甚至挪用了本应用于建设舰队的资金。园中小巧的亭台与荷塘体现着江南文人私家园林式的风情，藏传佛教寺庙建筑群同样是一道亮丽的景观。偌大的昆明湖北岸建有长廊步道，全长 728 米，长廊梁上饰有彩绘，多取材于中国山水，或是描摹著名戏剧和小说中的场景。园内还遍布着长寿的象征物，如青松、翠竹、灵芝等，一些是实物，另一些则以纹饰的形式出现。

▲▼ 颐和园优美的风光宛如精心雕琢的艺术品。

云冈石窟

云冈石窟现存洞窟 45 个，大小窟龛 252 个，均由人工于岩壁中开凿而成，是中国最大的佛教洞窟之一。它建于 5—6 世纪，是佛教石窟艺术在中国的最早见证。

北魏文成帝于 460 年下令在武州山开凿云冈石窟。其中最早的 5 座洞窟由高僧昙曜主持开凿，于 465 年完工。文成帝的继任者最初延续了对这项建筑工程的支持，但在北魏迁都洛阳后，统治者逐渐对此失去了兴趣，私人取代官方开始承担凿窟造像的工作。云冈石窟中的佛像大小不一，最小的仅有 2 厘米高，最大的高达 17 米。石窟中最大的坐佛造像两耳垂肩，长达 3.1 米，双足更是有 4.6 米之长。其中一座洞窟内共有造像 1.2 万座，由 83 位雕刻家耗时 6 年才得以完成。

▲ 云冈石窟中的部分佛像是依北魏皇帝的容貌雕刻而成的。

五台山

五台山位于山西省东北部的一片山岭中，它与峨眉山、普陀山和九华山并称中国佛教四大名山。

最初一批佛教僧侣早在 2000 年前就已在五台山定居，不久后，这里就成为重要的朝圣地。据说在 6 世纪时，这里曾有寺院 200 余座，如今尚有 40 余座仍在使用且对公众开放。游客在此可以充分领略中国佛教寺庙建筑的丰富多样：佛光寺正殿是中国最古老、最高大的木结构建筑之一；南禅寺以寺内华美的大佛殿而闻名；塔院寺最引人注目的是 70 多米高的白色舍利塔。五台山是文殊菩萨的道场。文殊菩萨是知识和智慧的象征，在大乘佛教中亦被奉为老师，能够引导众生走向觉悟。

▲ 这几尊鲜艳明丽的彩绘塑像位于五台山殊像寺内。

平遥古城

平遥古城据称始建于公元前 8 世纪，后于 14 世纪时得到扩建，是明清时期城市规划的典型范例。600 多年来中国城市发展的轨迹悉数反映在这座古城的每个角落。

▲ 黑色砖瓦房是平遥古城核心城区的典型建筑，这里一度是中国重要的金融中心。

1370 年，也就是明朝洪武年间，人们对平遥城墙进行了翻修，新城墙高约 12 米，均宽约 5 米，全长超过 6000 米，上设 76 座瞭望塔，整体雄伟壮观，为城市的核心地带提供了有力的保护。城墙内的街道布局经过精心设计，两旁商铺和钱庄林立。这些建筑大都保存完好，人们可以借此了解中国古代的日常生活与商业经营。平遥曾经的繁荣也正得益于当地的大量商贾和频繁的贸易往来。19 世纪末，由于主要贸易路线的变迁，平遥作为商业中心的重要性有所下降；到了 19 世纪与 20 世纪之交，其金融中心的地位也随着沿海城市的崛起，逐渐让渡给以香港和上海为首的贸易口岸。无论如何，至少平遥古城在现代化的浪潮中得以留存。

殷墟

殷是商朝中后期，即约公元前 1300 年至公元前 1046 年这段时期的都城。殷都的废墟直到 20 世纪初才重见天日，人们在遗址内发现了雕琢玉器、冶铸青铜的作坊，宫室和墓葬，以及大量有字甲骨。

青铜时代在中国对应着商朝时期，它的起源可以追溯到黄河下游的一个部落。商朝的首都在最初的几个世纪间频繁迁移，直到盘庚即位，才将殷确定为国都，这也为王朝进一步的兴盛打下了基础。但随着商朝的灭亡，殷都也在极短的时间内衰落，成为殷墟——殷都的废墟。殷墟总面积约 30 平方千米，被黄河分为南北两个区域。黄河南岸的区域以宫殿宗庙为主，其中最重要的发现是商朝唯一保存完整的墓葬——妇好墓。北岸的遗址中则发现了王室成员的陵墓以及约 2000 名仆从的墓穴，据推测可能是人殉制度下的殉葬者。

◀ 1976 年，考古学家发现了妇好墓，墓主是中国历史上最早的女政治家、军事家，也是商王武丁的王后，墓中随葬品极其丰富。

泰山

泰山位于山东省泰安市北部，其主峰玉皇顶海拔 1545 米。它是五岳之一，在中国传统神话中被认为与天相通。

泰山是山东省中部地区海拔最高的山峰，陡峭的山壁和溪谷组成了雄伟壮丽的景观。早在有史料记载之前，泰山就是自然崇拜的中心和举办宗教仪式的场所。中国许多帝王都曾登上泰山朝拜，祭祀天地，其中不乏秦始皇、唐玄宗和清乾隆帝等赫赫有名的统治者。于文人和哲人而言，泰山也常常是灵感和启发的来源。"登泰山而小天下"这句在中国广为流传的话就和著名思想家孔子有关。通往山顶的石阶有 6000 多级，路旁还能见到诸多寺庙；山顶有玉皇殿，供奉道教的至高神玉皇大帝。

▼ 清晨的曙光将泰山笼罩在神秘的光辉之中。

曲阜孔庙、孔林和孔府

孔子（前551—前479）的影响力遍及整个东亚，他出生和逝世的地点便是这种崇拜的中心。这里不仅有世界上最大的孔庙，同时还是这位智者的埋葬之地。除包括孔子墓在内的家族墓地（"孔林"）外，这项世界遗产还将孔子所在的孔氏家族的府邸收录在内。

自汉高祖于公元前195年专程前往曲阜，以太牢之礼祭祀孔子以来，对这位至圣先师的崇拜以此地为中心，逐渐发展出一种官方性质的祭祀仪式，施行于全国各地，一直持续到中国封建王朝终结为止。在曲阜，这一极度规范化且直到清朝仍在不断丰富和变更的仪式由孔子的后人负责举行，他们为此获得了皇帝封赏的世袭爵位，其住所（"孔府"）也一直与孔庙紧紧相邻。孔庙大殿采用的屋瓦是皇帝御用的黄色琉璃瓦。孔子、孔子的亲属和当地的孔子后人都葬在近旁的孔林中。

▲ 孔庙的规模明显大于其他同类建筑。

▼ 孔子墓位于孔氏的家族墓地孔林之中。

秦始皇陵及兵马俑坑

2000多年前，秦始皇在此处下葬。在他的墓室周围环绕着数千尊单独塑造、形态各异的兵马俑，其设计安排完全依军队建制和宫廷礼仪严格制定。

秦始皇统一六国后不久，便着手在西安东北方向约30千米处为自己修建与其地位相称的陵墓。直到1974年，当地农民在打井时发现了大型武士俑的碎片，人们才意识到，引人注目的地上陵园不是秦始皇陵唯一的组成部分。这些兵马俑属于一个尚未完全出土的军阵，其中已发掘的陶俑有7000多尊，每一尊都有独特的面部特征。陶俑组成完全依照军队战斗时的编制，彰显了墓主高贵的身份。许多陶俑比真人还要高大，它们经修复后都被重新摆放回原地。迄今为止，这座皇陵也只有1/4的面积得到了发掘。

▲ 这支兵马俑大军最初是彩绘的。

武当山道教圣地

这片曾经的偏僻山区后来成为道教在中国最重要的中心。15 世纪时，皇室下令在此兴建了一批庙宇和宫观，其恢宏气势令人印象深刻。

　　道家隐士选择湖北省西北部这一偏远山区作为隐居地点的风潮，最晚始于东汉年间。而在唐朝，镇守北方的真武大帝曾于武当山修道的传说流传开来后，道观更是纷纷建立，武当山也成了进香朝圣的圣地。明朝第三代皇帝永乐帝自 1412 年起在武当山大肆兴建道观，前后投入工匠约 30 万人。建成的道观富丽堂皇，规模甚至可与皇宫比肩。很多游客和香客力求登上海拔 1612 米的最高峰天柱峰，一睹峰顶金殿的风采，这座大殿全由青铜铸成。

▲ 太和宫也是武当山上众多庙宇、大殿和道观之一。

登封历史古迹

这处历史古迹位于常被视为神圣之地的河南嵩山，亦即"天地之中"。它以独特的方式展现了中国历史上不同思想流派的特点和中国文化的伟大成就。

　　在登封市附近方圆 40 千米范围内，坐落着多处历史建筑，一部分甚至是中国最古老的宗教建筑。其中尤为重要的是少林寺，印度高僧菩提达摩（约 440—528）曾在此活动。据传，他于南北朝时期来到中国，继而在此创立禅宗。传说中，少林寺也是一部分中国武术的发祥地。登封观星台是同类天文台中最古老的一座，对早期中国的宇宙学研究具有突出意义。天文学家郭守敬（1231—1316）正是借助此处的观测，处理了太阳的黄道坐标问题，创造了当时最精确的历法。

▲ 登封塔林属少林寺，是历代高僧的墓地。

大运河

大运河是历史上人工开凿的最长的内河航道。它是中国古代又一项伟大的建筑工程，时常与长城齐名。

大运河远非一条单一的水道，而是沟通全国五大流域，将华北地区与长江口和杭州城连接起来的航道系统。作为中国古代最重要的运输渠道，大运河保证了国家经济政治的稳定，稳固了统治者的权力。中国修建运河的历史大概可以追溯到公元前6世纪，但直到隋朝才开凿了第一条连接南北两方的水路。为了帮助船只克服南北之间42米的落差，隋唐大运河还增设了坡道，这一设计后于10世纪末为船闸所取代。元朝统治者对运河系统进行了进一步扩建，13世纪时，其总长度已经达到了2000千米左右。直到19世纪中叶，大运河的重要性才有所减退。

▲ 大运河上历史悠久的桥梁建筑。

龙门石窟

龙门石窟是中国最大的石窟寺庙建筑群之一，坐落于河南省洛阳市以南数千米、伊河沿岸长约1000米的峭壁之上。

在伊河沿岸、龙门山的峭壁之上，分布着超过2000座洞窟和窟龛，全长达到1000米左右，是中国乃至世界规模最大的石窟群。洞窟内不仅有珍贵的碑刻，还藏有10万余尊石刻佛像，窟顶和洞壁亦有丰富的石刻装饰。早在494年，北魏孝文帝在迁都至当时重要的佛教中心洛阳后，便下令在龙门山开凿佛教洞窟，古阳洞和宾阳洞就是这些早期工程的遗存。此后几百年，在隋唐统治者的推动下，中国佛教迎来了黄金时代，石窟群也得到了扩建。也正是在5世纪至9世纪龙门石窟石刻风格的影响下，中国北方发展出了具有鲜明地域特色且极富艺术创造力的佛教造像艺术。

▲ 龙门石窟的万佛洞内景，洞内主佛为阿弥陀佛。

一生必去的世界遗产：走进亚洲

巨大的佛祖立像耸立在洛阳的龙门石窟内。无数佛像装点着石壁，最大的高达17米，最小的则仅有2厘米。

庐山国家公园

这片景色迷人的山地——庐山既指山峰，也指整片山地——坐落在长江北岸，位于江西省境内。它极为罕见地将自然之美与庙宇、寺院和历史人物留下的遗迹融为一体。

很少有哪座山能像庐山一样被历代的人反复称颂。中国几乎所有伟大的诗人都曾登临庐山并留下题诗，不仅如此，许多著名的哲人、画家、僧侣和政治家也都曾到此游览。此外，庐山也被道教徒和佛教徒视为"神仙之庐"，是颇受青睐的朝圣地。山中湖潭瀑布众多、森林密布、山崖高耸，清凉湿润的自然环境使其成为避暑胜地。常年云雾缭绕的山峰很早便对中国的山水美学产生了决定性的影响，只有黄山能与之比肩。宋明理学的集大成者朱熹（1130—1200）也曾在庐山白鹿洞书院讲学。在这座海拔1400多米的高山脚下坐落着不计其数的寺院，其中就包括建于384年的东林寺，它由高僧慧远所建，是佛教净土宗的中心。

▲ 庐山上有无数亭台庙宇，下枕长江奔涌江水，其动人心魄的壮美不仅激发着历代诗人的灵感，还使庐山成为中国山水画的发祥地。

黄山

久负盛名的黄山坐落在中国南方，隶属于安徽省。山峰沐浴在云海之中，仿佛大自然幻化出的仙境。

"五岳归来不看山，黄山归来不看岳。"明朝著名地理学家和游记作家徐霞客曾如此盛赞黄山的美景，它的魅力直至今日依然能征服游人：在安徽省这片面积仅约150平方千米的风景区内，紧密排列着77座海拔1000米以上的山峰，其中最高峰海拔达1864余米。一年之中，约有250天可以看到成片的云雾从幽深湿润的山谷中飘过。云雾如此浓密，以至从山顶俯瞰时，整片山地宛如海洋，高耸的山峰就沐浴在这云海之中。黄山几乎完全符合中国人对山水景观的理想，因此历代人士都热衷于在黄山修筑观景亭，至今已成为一道道独特的风景线。而山上古老的奇松更是使黄山之美趋于完满，这种审美观也对中国古代的士人文化产生了强烈的影响。

▲ 黄山是中国最著名的山区之一，嶙峋的怪石和虬曲的奇松正与中国人理想中的山水景观相符合。

苏州古典园林

苏州古典园林最初为当地商贾、文人和官吏所建的居所，今日已经成为城市中令人惬意的世外桃源。

苏州位于上海以西不远，它的繁荣富足得益于穿城而过的京杭大运河，城中河网密布，上设石桥，这些水道至今仍是市内交通的重要组成部分。尽管如此，苏州闻名于世的主要原因却是当地的园林建筑。园内布置有池塘水系、造型精致考究的假山石和富有象征意义的稀疏花木，完美保留了这座历史名城古朴雅致的气质。沧浪亭始建于1044年，紧邻城中水道，"沧浪"之名暗讽当时腐败盛行的社会风气；1509年建成的拙政园占地约5公顷，在苏州的明朝园林中最具代表性；狮子林建于约1342年，得名于园中的奇峰怪石；网师园始建于南宋时期，于1770年前后重建，占地面积仅半公顷，是苏州古典园林中面积最小，同时也最受人喜爱的一座。

▲ 由于水道、桥梁众多，苏州也有"东方威尼斯"的美誉。

杭州西湖文化景观

亭台宝塔、人工堤坝、小岛与公园，正是这些景观充盈了西湖这片湖泊，使之成为中国文化中理想景观的具象，激发着无数艺术家的创作灵感。

马可·波罗将京杭大运河的起点杭州誉为世界上最美丽、最优雅的城市，在他做出这番评价的年代，位于城中心以西的西湖就已经是中国最迷人的文化景观之一了。西湖湖水引自钱塘江，是钱塘江的一片内湖——如果你不相信神话的话。民间传说，天上的玉龙和金凤在杭州平缓的丘陵间发现了一块瑰丽的白玉，它们爱不释手、反复把玩，逐渐将其打磨成一颗光彩夺目的宝珠。这引起了王母的嫉妒，她偷走了宝珠。而在两只瑞兽想将其夺回时，宝珠跌落在地，瞬间变成了一件完全不同的饰物，也就是西湖。

▲ 俗话说："上有天堂，下有苏杭。"

皖南古村落：西递和宏村

这两座传统古村落忠实地反映了中国封建社会的社会秩序和伦理观念。

宏村和西递位于安徽省（简称"皖"）黟县东南部，宋朝保留下来的路网呈南北向延伸，坐北朝南的房屋布局决定了整座村落的形态。当地典型的双层砖砌民居多建于15世纪末至17世纪，体现了对传统建筑形式的坚守。在中国长达2000多年的封建时期，这种形制的原貌得到了近乎完整的保留。从装饰的繁复程度不难看出，这些房屋曾经的主人不仅经济实力雄厚，还拥有很高的社会地位，多为定居于皖南的商贾阶层。当地的供水系统设计独到，极富特色，在14世纪时就已基本建成，主要服务于农村地区的经济重建。

▲ 这种房屋装饰精美，院内砖石雕刻繁复奢华，是为地位较高的家庭修建的。

武陵源风景名胜区

在自然公园的两个区域内，紧密分布着3000多根石英砂岩柱。人们可以在这里看到世界上最高的天然桥。

在湖南省境内，大片峰林分布在张家界和天子山两地以及金鞭溪沿岸，它们是约500米厚的沉积层受侵蚀作用形成的。石峰间的峡谷极其狭窄，无法发展农业，因此这一地区近乎杳无人迹。今天，几乎每一座引人注目的怪石都被赋予了形象的名称。整个地区植被茂盛、河道纵横，人们还在此发现了40余个溶洞。

自然公园的特色景观中还包括两座天然桥：一座长26米，距谷地约100米；另一座更为壮观，长达40米，高悬于距谷底350米的高空之中。此外，还有许多令人惊叹不已的地下奇观，如距天然桥不远的黄龙洞中就有面积达1.2万平方米的巨大洞厅，洞中的石笋奇异而迷人。

▲ 武陵源风景名胜区内破碎的地貌和迷宫般的峰林在距今1亿年前还沉在海平面以下。高大的石柱由石英砂岩构成。

土司遗址

土司遗址被列入《世界遗产名录》，体现了联合国教科文组织对中国古代这种独特管理方式的高度评价。

"土司"是指13世纪中期到明朝末期一些少数民族部落的本地首领，他们在本部落内推行中央政府的法律制度，同时促进本民族风俗习惯的维护和传承。位于湖南省的老司城遗址和湖北省的唐崖土司城遗址内，均发现了土司王宫、衙署和墓葬的遗迹，为研究土司制度的运作方式、土司同当地民众和同中央政府的关系提供了线索。贵州省的海龙屯遗址的历史则证明，土司和中央政权之间的关系并非总是和平的。这座城堡同样被列为世界遗产，它曾经是播州土司的王宫。明朝万历年间，当地最后一任土司反叛朝廷，后被明军镇压，海龙屯城堡也在平叛的过程中被战火摧毁，但废墟仍然见证着

▲ 这些遗址是土司制度仅存的见证，这一制度曾为维护中国民族文化多样性传承做出了大量贡献。

它昔日的辉煌。海龙屯被认为是中国保存最完好的土司遗迹。

大足石刻

距今1000多年前，人们在今重庆市以西100千米左右的山崖石壁上开凿出了数万座石刻。

在重庆市大足区长达500米、高7—30米不等的石壁上保留着一座佛教雕刻艺术的丰碑，它的历史已经超过1000年。不同于中国北方岩壁寺庙建筑主要将造像安放在人工开凿的洞窟中的习惯，大足的彩塑和石刻绝大部分直接呈现于观看者眼前。大足石刻中最常见的主题自然是佛陀和各类菩萨，相传他们为从尘世中帮助和拯救众生，甘愿放弃入涅槃的机会；还有对佛教中彼岸场景的呈现。除此之外，也不乏护法神（四大天王）、地狱图景和俗世生活等主题，后者提供了了解这些作品所处年代的日常生活的契机。宝顶山上近万尊造像始建于12世纪，由一位僧人主持开凿。其中最著名的

▲ 大足石刻中的佛陀造像数量庞大、不可胜数。

除了一座长达31米的卧佛像，还有一座经贴金工艺处理的千手观音像。

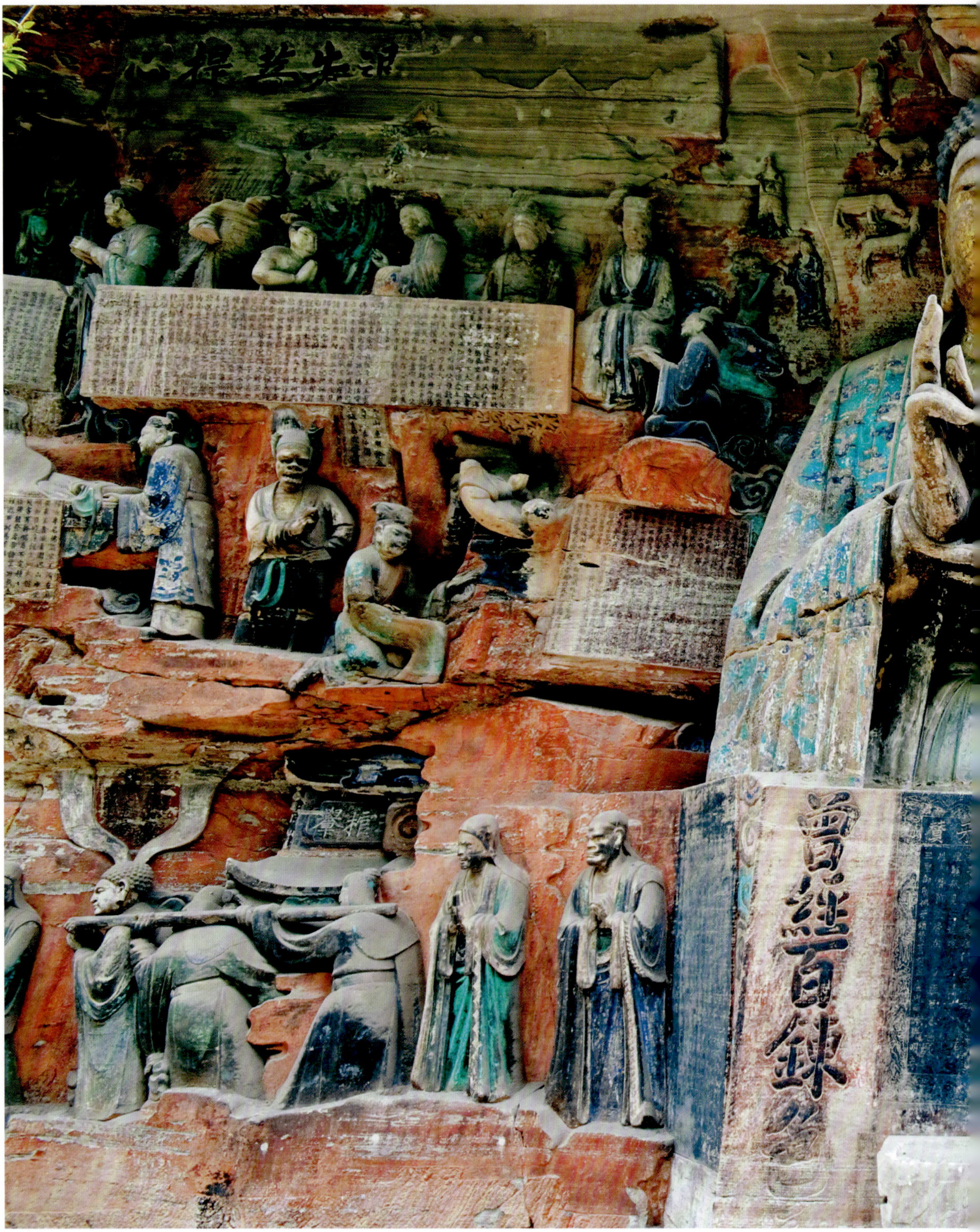

大足石刻主要由佛像构成，此外还有形态各异的鬼怪以及守卫者的形象。1999年，这里被联合国教科文组织列为世界文化遗产。

武夷山

武夷山风景区物种丰富的亚热带原始森林不仅是珍稀动植物的乐土，更与陡峭的山崖和水晶般清澈的溪流相映成趣，能给人带来独特的审美享受。

武夷山位于福建省西北部，在整片山地海拔最高处，完整保留着一个亚热带森林生态系统。据统计，这里分布着近2500种高等植物、约5000种昆虫和475种脊椎动物。黄岗山为山区内最高峰，海拔2160余米，而在该山海拔较低处，即使在冬天，气温也相对温和。除生物学上的重要意义外，自然保护区内的景色更是引人入胜，其独特的魅力首先要归功于九曲溪两岸36座直指天际的陡峭山峰。游客可以乘船在这一河段游览，每一处都能欣赏到值得惊叹的特色奇观：这边有高高在上的贝壳状岩洞，泉水从洞窟上沿流泻而下；那边又在隧道状洞窟的尽头现出一条宽仅半米、长约百米的垂直岩缝，从中可以窥见一线天光。

▲ 历史上不乏文人雅士选择隐居于偏远的武夷山区。

九寨沟风景名胜区

九寨沟风景名胜区位于四川省西北部，景区内独特而丰富的自然奇观分布在3处高山谷地中：有斑斓的湖泊、湍急的瀑布，亦有珍稀动物和茂盛植被。

九寨沟位于高原地带，平均海拔2000米，植被茂盛，由3条彼此相交的侵蚀沟组成，上方山峰耸立，高达4700米。喀斯特地貌下，从地表渗入的水因溶蚀岩石而富含钙盐，盐类物质沉淀产生多个大型钙华台地。该地区还以瀑布闻名，其中最大的从近80米处倾泻而下，瀑布从凝灰岩坝奔涌而出，其上还遍布着低矮的小树。多个湖泊呈现出不同的色彩，从黄色到明绿再到碧蓝，应有尽有。此外，景区内僻静的幽谷也成为大量珍稀动植物的庇护所，包括大熊猫、金丝猴和不计其数的鸟类。

◀ 在景区约6万公顷的广阔土地上，分布着9个藏族村落，九寨沟之名也正是由此而来。除了高山和瀑布，湖泊也是当地迷人景观的重要组成部分，自然保护区内共有约120个湖泊，它们根据季节变换闪烁不同色彩。

黄龙风景名胜区

除了令人印象深刻的山地和冰川景观，人们在这里还能看到长达 4000 米的钙华台地，蜿蜒在植被茂盛的深谷中。

黄龙位于四川省阿坝藏族羌族自治州，是一座海拔跨度相当大的冰川谷，最低处海拔 3000 米，最高峰雪宝顶则高达 5588 米。除自然景观外，它也是现已濒临灭绝的大熊猫的栖息地。在一条植被茂密的峡谷底部，有大量黄色的钙华台地。当地还以彩池闻名，水中的藻类和细菌使池水呈现出极为丰富的色彩，即便是相邻的两泓池水，都常常呈现为截然不同的颜色。一些彩池中还长有小型的树木。自然公园的主要景点是一条长约 2.5 千米、宽约 100 米、地势陡峭的黄色钙华台地，上面涓涓流淌着只有几厘米深的小溪。整个景观形似一条金色巨龙，这项世界遗产也正是得名于此。

▲ 黄龙沟内呈阶梯状分布的彩池形成于冰河时期，当时这一地区仍被冰川覆盖。

青城山和都江堰水利工程

青城山和都江堰水利工程位于成都市以西。长久以来，成都都是以繁荣的经济和思想文化著称。

青城山位于青藏高原东缘。千百年来，其原始的景观，尤其是丰富的动植物资源吸引了无数游人到访，他们纷纷在此抒写情怀，在石壁上留下了大量碑刻。在主峰半山腰处，坐落着著名的天师洞。2 世纪时，道教隐士张道陵在创立五斗米道前曾在此居住。公元前 3 世纪，为调节岷江湍急的水流，人们在青城山以东、四川盆地边缘，兴修了都江堰水利工程。

▲ 青城山是中国道教名山之一。在 2008 年的地震中，有许多寺庙都遭到了严重的损坏。

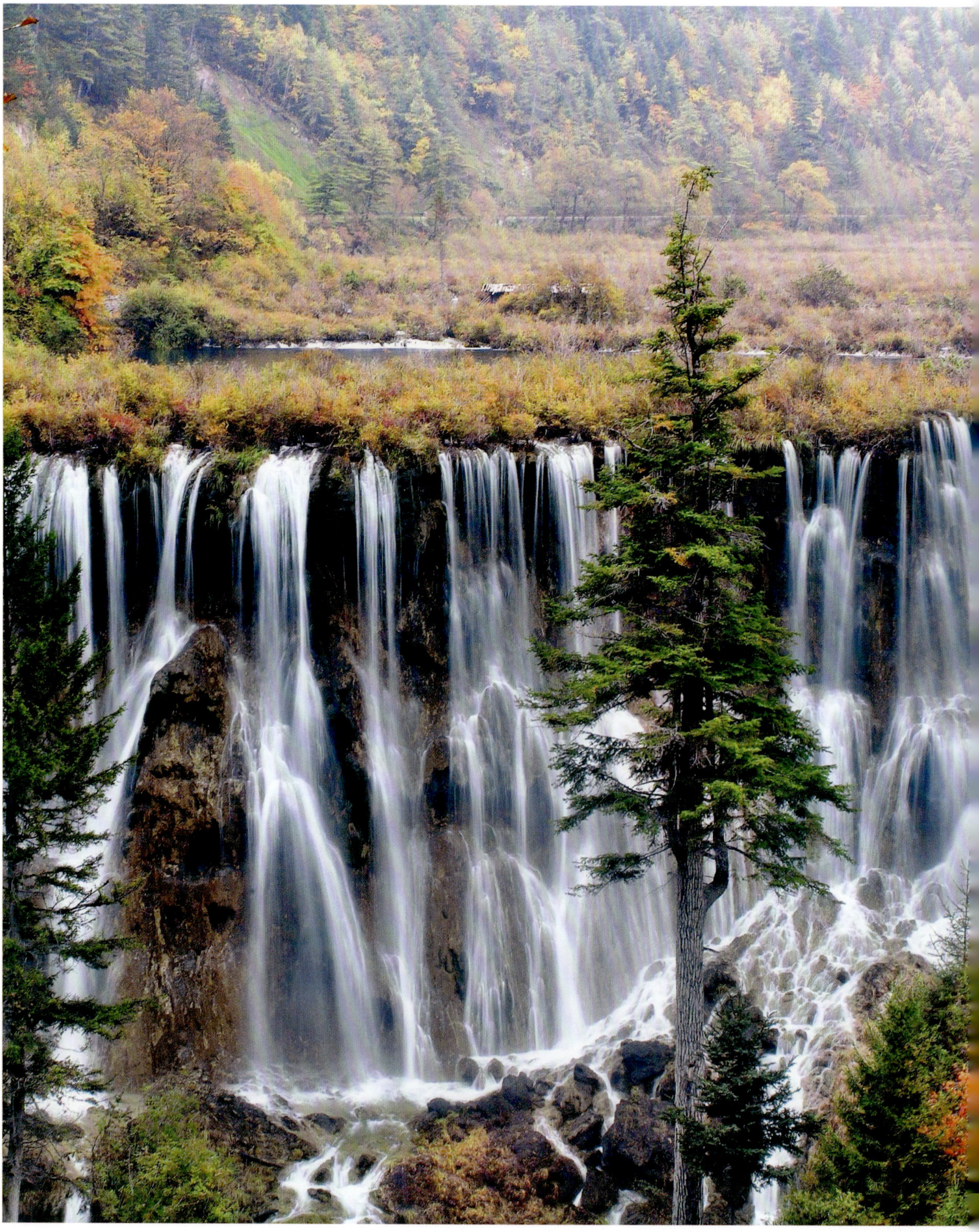

黄龙风景名胜区景色壮丽而绚烂。瀑布宛如白练倾泻而下。到了秋天则层林尽染，美不胜收。

四川大熊猫栖息地

现存约30%的野生大熊猫都生活在四川大熊猫栖息地中。这里也是地球上除热带外植被最丰富的地区之一。

这片被列入世界遗产保护范围的区域位于中国中南部的邛崃山脉和夹金山脉中，总面积约9245平方千米，包括7处自然保护区和9处向公众开放的风景名胜区。这里是大熊猫最重要的保护和繁育基地，除了这种黑白相间的动物，这里还为许多其他珍稀动物提供了栖息地，如小熊猫（不同于之前的猜想，它同大熊猫可能并没有亲缘关系）、雪豹和云豹。保护区最低点到最高点的海拔高度差达到5700米左右，种类齐全的地形地貌保证了区域内植被的丰富多样性，也造就了一座真正的药用植物宝库。

▲ 竹子是中国南方的典型植被之一，也是大熊猫主要的营养来源。1975年，竹子大面积枯萎，导致很多大熊猫饿死。后来，野生大熊猫数量又有所增加。

峨眉山和乐山大佛

峨眉山是中国佛教四大名山中海拔最高、气势最宏伟的一座，从2世纪起便已名声在外。一同被列为世界遗产的还包括乐山岩壁上的大佛坐像，它也是全世界同类佛像中最大的一座。

陡峭的山壁、幽深的峡谷、山涧、瀑布、石窟、险峻的山峰、茂密的森林和林中的千年古树，佛门圣地峨眉山自古以来都是所有想舍弃世俗、超脱人世之人的理想选择。自东汉起，位于四川盆地西南边缘的峨眉山便是极受隐士青睐的修行避世之所。不久后，这里建起了中国最早的佛教寺庙和寺院。传说中，普贤菩萨也是峨眉山的守护神，曾经在此说法讲学。

当地名胜还包括距峨眉山不远的乐山大佛。这尊大佛坐像通高71米，位于岷江、大渡河和青衣江三江汇流处，由佛教僧侣于8世纪在山壁上开凿而成。

▲ 1200多年来，这尊巨大的坐佛一直守望着大渡河汇入岷江的河口。

云南三江并流保护区

在云南长达170千米的区域内，出现了长江、澜沧江和怒江三江平行并流的奇观。在该地区还能见到北半球几乎所有的地形和生态环境类型。

三江并流保护区在地质学上具有非比寻常的多样性，人们在此可以同时看到岩浆岩、呈喀斯特地貌的石灰岩、受风化侵蚀的花岗岩和砂岩。并流的三条大江在部分河段造就了极其陡峭的峡谷，其中最深的落差可达3000米。峡谷周围环绕着118座海拔5000米以上的高山，最高峰为卡瓦格博峰（海拔6740米）。保护区位于古北界与东洋界的动物地理分区的交界处，同时呈现出温带和热带的特点。在冰河时期，它也是许多动植物物种为躲避冰川的威胁而向南迁移的主要通道。

▲ 人们将长江河道在丽江市的100多度急转称为"石鼓巨湾"（长江第一湾）。

丽江古城

丽江是通往中亚和南亚的战略要地，曾经一度是中国古代边陲前哨。城市的历史核心区与周围的山地景观和谐地融为一体。

丽江古城位于云南省西部边缘的一个深谷中，距中缅边境不远。由于地处山区，古城自古以来便无须修筑城墙，仅凭地势即可自保。在错综复杂、有如迷宫的狭窄街巷中心，坐落着繁华热闹的集市，沿街矗立着风格各不相同的历史建筑。丽江地处边陲，是一座有10余个民族聚居的多民族城市，城中建筑也因此结合了多种文化元素，别具一格。早在数百年前，丽江就已建成了在世界范围内堪称独一无二的供水系统，穿城而过的3条河流将水源运往各处，几乎每家每户旁都有汩汩溪水环绕。城中随处可见的绿地和清亮湿润的石板路，使丽江古城成为中国众多城市中的一颗明珠。在1996年的一场地震中，丽江古城的许多建筑遭到了损毁。近年来，它们已经在国际力量的援助下悉数得到修复。

▲ 黑龙潭公园坐落在象山脚下，从这里远眺玉龙雪山，景致尤为迷人。

拉萨布达拉宫历史建筑群

布达拉宫同时承担着寺院和要塞的职能，西藏的宗教与政治在此相互交融，共同呈现为一件震撼力极强的艺术作品。它不仅是建筑艺术的成就，也是视觉艺术的杰作。除宫殿本身外，大昭寺和罗布林卡也作为布达拉宫建筑群的扩展项目，于 2000 年和 2001 年相继被《世界遗产名录》收录在内。

这座高耸于拉萨河谷上方 130 米的宏伟建筑彰显着独特的政治宗教文化。宫殿主体是长达 320 米的白宫，由第五世达赖喇嘛重建。红宫则是在他圆寂后修建的，其中存放着整座宫殿最重要的宝物，后世又为之增修了数座金顶。

整个建筑群占地面积近 40 万平方米，建筑面积约 13 万平方米，共有房间 1000 多个。

▲ 在红宫的庭院内，可以看到装饰繁复的木梁，梁上绘有宗教传说中的符号与形象。

▶ 历史上，布达拉宫曾是西藏地方政府的办公地。

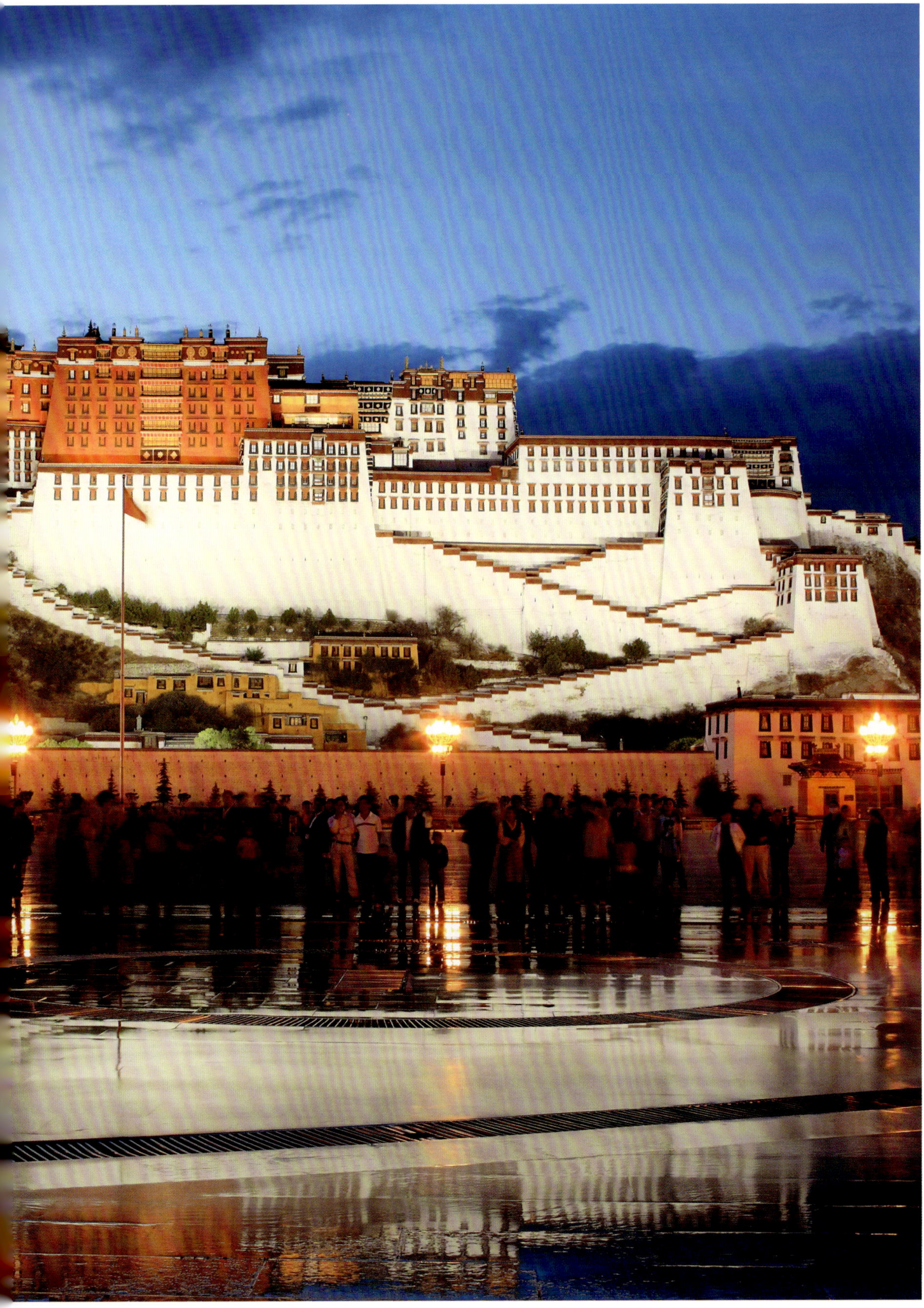

澄江化石遗址

这片自然保护区位于云南省会昆明市东南部的丘陵地带，占地约 500 公顷。它乍看上去并不显眼，直到人们对其地下进行考察时，才发现了保存近乎完美的寒武纪化石。

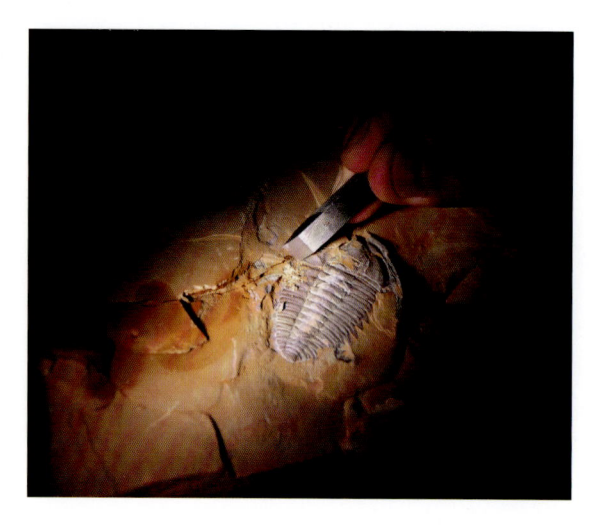

迄今为止，科学家已在澄江发现了 196 种古生物化石，并且都不是孤立的发现，而是出自同一个生态群落——一块被完整保留下来的生物栖息地。通过研究这些化石，人们能够对寒武纪的生态环境得出广泛而有力的结论。这些化石距今已有 5.25 亿至 5.2 亿年的历史，它们都诞生于地球历史上那个被称为寒武纪生命大爆发或寒武纪大辐射的"瞬间"：在不超过 1000 万年的时间里涌现出大量物种，涵盖了今天已知的几乎所有动物门类。除了可以明确分类的动物和植物，澄江出土的化石中的一部分至今仍无法归类，神秘的云南虫就是其中之一，它的形象多少会使人联想起文昌鱼。

◀ 澄江的一位科学家正在清理遗址中的一块化石，它的硬组织和软组织都保存得极为完好。

哈尼族文化景观：红河哈尼梯田

哈尼族人在陡峭的山坡上开垦出了壮美的梯田，并且悉心维护着它的持续发展。他们管理土地的方式以灵活著称，体现了人与自然之间非凡的和谐。

哈尼族是中国少数民族之一，主要聚居在云南省南部，也有部分居住在越南、老挝和泰国，这些分支在哈尼族内被统称为"阿卡人"。早在 1000 多年前，哈尼族人就已发挥才智，开始在哀牢山向红河河岸延伸的山坡上开垦梯田、种植水稻。他们散居于约 80 个村庄中，分布在林木茂密的山顶到海拔较低的梯田之间。他们的房屋以茅草为顶，房顶伸出墙外很远。哈尼族人利用精巧的灌溉系统将山林中的水引到梯田中，同时还养殖水牛、黄牛、鸭子和鱼，打造综合农业。尽管如此，哈尼族人仍然以红壳水稻为主食。哈尼族人崇拜一切自然现象，并且认为这些现象背后有神灵的作用。他们的丧葬仪式和祖先崇拜别具特色，尤其是仪式上的哈尼族女性，她们会在这些场合穿着鲜艳的服装、佩戴醒目的头饰，十分抢眼。

▲ 哈尼族人种植水稻的田地反映出他们与自然的和谐共存。

中国南方喀斯特地貌

继 2007 年云南、贵州两省及重庆市的喀斯特地貌被列为世界自然遗产后，联合国教科文组织世界遗产委员会又在 2014 年的多哈会议上决定，将这项遗产涵盖的范围再扩大 500 平方千米。

新增地区包括重庆市的金佛山、贵州省的施秉喀斯特地貌和广西壮族自治区的桂林与环江喀斯特地貌。中国喀斯特地貌的总面积现已达到 1762 平方千米，分布于贵州、广西、云南和重庆的 12 个地区。它的起源可以追溯到地球历史上一个特定的时期，当时这一地区还处在海平面以下。随着时间的推移，海洋沉积物堆积形成了厚达数千米的石灰岩岩层。南亚次大陆和欧亚板块的碰撞，不仅造成喜马拉雅山脉隆起，还使今天中国南部所在的板块边缘向上抬升，原先的海底也随之转变为陆地。

▲ 数百万年间，风和水流共同塑造了今日绿意盎然的景观。

中国丹霞地貌

在所有丹霞地貌中，都可以发现同样在风力和气候作用下形成的独特岩石构造。这些地貌也为罕见的动植物物种提供了栖息地。

"丹霞"一词是指中国西南部亚热带地区的一种特殊地貌，以红色砂砾岩构成的陡坡、石柱和人形为标志。这些景观一方面可能是地壳抬升的结果，另一方面也可能是风化作用造成的。除这些有时略显怪诞的景观外，丹霞地貌下的岩石也常被塑造成幽深的峡谷、陡峭的山谷和狭窄的瀑布。茂盛的亚热带常绿阔叶林是这些看似诡异的地形区的典型植被，这里生存着众多濒临灭绝的动植物物种。共有 6 处丹霞景观被列为世界自然遗产，分别是湖南的崀山、万佛山，福建的泰宁、冠豸山，江西的龙虎山、龟峰，贵州的赤水，浙江的方岩、江郎山和广东的丹霞山。

▲ 在特定的光线条件下，丹霞地貌不同地层中的红色砂砾岩闪耀着迷人的光彩。

三清山国家公园

这座位于中国东南部的国家公园以其美不胜收的景色吸引着八方游客。茂密的森林、不可胜数的大小瀑布和形态奇特的岩石是其最具标志性的景观。

三清山国家公园位于中国江西省的怀玉山脉西部，占地面积近 230 平方千米，平均海拔 1000—1800 米。玉京、玉虚、玉华是它的 3 座主峰，其中最高峰为玉京峰，海拔 1819 多米。由于海拔高差较大，国家公园内同时呈现出亚热带气候和海洋性气候，植被也极为丰富，既有雨林又有针叶林。玉京峰景区的花岗岩地貌是公园内的主要景点之一，许多山峰和岩柱的形状都神似人或动物，别有一番趣味。山间的云海雾涛营造出不同寻常的光线效果，"白虹"便是其中一例。这种独特的景观也被称为"雾虹"，因为它不是由雨滴，而是由水滴组成雾折射而成的。这些水滴的直径最大也不超过 0.05 毫米，因此形成的虹光也呈白色，而不是常见的彩色。三清山的地质构造形成于近 16 亿年前，岩层的古老特点也使之成为地质学家极为青睐的研究对象。

▲ 山上棱角分明的岩石和紧紧依附着岩石水平生长的树木，共同构成了三清山国家公园迷人的全景。

福建土楼

这些土楼建于 12 世纪至 20 世纪，是一种极为坚固的民居。这种建筑形式一方面注重生态环境，另一方面服务于公共生活的理念，在建筑学上具有很高的价值。

客家人生活在福建省西南部与广东省交界的山区，其聚落在稻田、烟田和茶田之中。客家人的典型建筑被称为"土楼"，是一种以土为墙的巨大圆形建筑，它反映出客家民族的生活方式和建筑风格如何适应当地的客观条件，尤其是在明清两朝盗匪横行的威胁下。这些房屋高 2—5 层不等，外墙由未经烧制的泥土砌成的墙壁和上覆瓦片的屋顶组成，包围着多呈圆形的充满生活气息的内院。福建土楼仅通过几扇窗户和一道入口与外界相通，它的结构和规模使其易守难攻，能够承担防御堡垒的功能。客家人以宗族为单位居住在土楼中，根据规模不同，一座土楼通常能容纳 100—800 人。

◀ 鸟瞰视角下的福建土楼与现代足球场颇为神似。

开平碉楼与村落

这项世界遗产由中国南方城市开平及其周边村庄中的塔楼组成，它们在周围的乡村风光中显得格格不入。

"碉楼"是指作为要塞的塔楼。这种坐落在乡村地区、采用塔楼形式建造的多层碉堡式房屋最早出现于清朝，在南方城市广东，是为了抵御横行的匪患应运而生的，这些建筑一直保留至今。1839年，开平兴起一股移民美国的风潮。19世纪末，这些海外华侨又纷纷回到家乡——这再度吸引了土匪强盗觊觎的目光。现存的1833座碉楼中，有1648座都是由海外华侨建造于1900年至1931年，也正是出于防御的需要。这项世界文化遗产囊括了三门里村、自力村、马降龙和锦江里的碉楼群中较有代表性的部分。这些碉楼下部通常设有带栏杆的露台，上部则建有带拱券的柱廊，祖先的牌位也多供奉在这里。

▲ 归国华侨吸收了欧式、美式和其他建筑风格的元素，并将其与开平及其周边地区的本土传统融合在一起。

澳门历史城区

这些建筑遗迹位于澳门，它们的一砖一瓦都见证着中国与西方长期持续的交流。

早在葡萄牙人航行至澳门很久以前，渔民便已开始在珠江三角洲这处避风的海港生活，沿海岸线行驶的船只也常在此停靠。1557年起，越来越多的葡萄牙人获准在澳门定居，这里因此成了东亚范围内欧洲人持续定居历史最久远的城市。欧洲移民先是在此建造了简单的房屋和几座天主教堂，17世纪早期又增设了要塞来进行防御。1887年，清政府被迫与葡萄牙签订条约，确认葡萄牙可以常驻并管理澳门。19世纪时，澳门发展为博彩业的中心。

1999年，这座拥有中国最古老的西式大学的城市正式回归祖国。

▼ 澳门的中心广场被称为议事厅前地，其建筑风格让人想起前殖民国家葡萄牙的城市。

朝鲜、韩国

高句丽古墓群

平壤及周边地区的高句丽古墓群是高句丽最重要的遗产之一。作为中国古代少数民族建立的政权，该王国曾于公元前1世纪至公元7世纪统治中国东北部分地区和朝鲜半岛北部地区。

高句丽这个绵延700余年的王国（公元前37年至公元668年），在世纪之交后成为东亚最强大的少数民族政权之一，它的建立者东明圣王至今仍被尊奉为传奇。在朝鲜半岛，人们会为国王、王室成员及贵族修建装饰有精美壁画的陵墓。迄今为止，在朝鲜半岛和中国东北地区出土的1万多座高句丽古墓中，有约70座被列为世界遗产，其中约30座位于朝鲜境内。墓葬内的壁画直观地展示了前三国时代朝鲜半岛北部的日常生活，以及深受儒家和佛教影响的思想文化。4世纪时，高句丽向外扩张，并于427年将首都迁至平壤。7世纪，高句丽最终战败于拥有唐朝军队支持的新罗。

◀ 墓室内壁画的主题多种多样，这幅壁画描绘的是一位贵族妇女和她的女佣。

开城历史古迹和遗址

开城位于朝鲜西南边陲，从10世纪到14世纪末曾是统一朝鲜半岛的高丽王朝的首都。城内及其周边的12处遗址见证了它昔日的辉煌。

开城的宫殿、庙宇和陵墓都遵循风水学的原则选址建造。"风水"是一门起源于道家的学说，注重人与自然的和谐。高丽王朝吸收了朝鲜半岛统一前存在的各种文化和政治价值观，因此在开城，道家、佛家和儒家的观念相互融合，悉数反映在城市的建筑中。世界遗产共收录了12处遗址，其中6处是开城三重城墙的残余部分，如最内层城墙南面的开城南大门。其余的分别为一座天文气象台、一座古桥、一座新儒学私塾（成均馆，现为高丽博物馆所在地）、一方石碑和几座土丘状的帝王陵墓。

◀ 帝王陵墓的修建也是依照风水学原则进行的。

首尔宗庙

祖先崇拜在儒家礼教中具有重要的地位。朝鲜半岛上最后一个封建王朝在文化上深受中国这一庞大邻国的影响，统治者将新儒家学说奉为统治理念和基本伦理道德，也设立了祭祀祖先的正式场所。

首尔宗庙内的正殿久负盛名，它的历史可以追溯到朝鲜李氏王朝的开国君主李成桂（1335—1408），它也是保留至今的同类建筑中地位最高、最具权威的一座。1592年丰臣秀吉率日军入侵朝鲜时，包括宗庙正殿在内的许多公共建筑惨遭烧毁，今天人们看到的正殿实际上是1600年重修的结果。殿内供奉着李氏王朝19位国王的神位。自15世纪以来，这里一直延续着传统的祭祖仪式，仪式上使用的乐器、演奏的音乐和表演的舞蹈几乎都维持了原貌。得益于规律性的使用，这座位于今天韩国首都的建筑至今保存完好。如今，祭祖仪式仅于每年5月的第一个星期日举行一次，宗庙只有这时才会向公众开放。

▲ 直到今天，宗庙正殿仍会定期举行祭祖仪式。图为宗庙内的一道柱廊。

昌德宫建筑群

位于首尔宗庙近旁的昌德宫建于1405年至1412年，是以朝鲜李氏王朝第三位君主李芳远之名建造的一座离宫。

气势恢宏的昌德宫是首尔市内得到保留的5座朝鲜皇宫之一，位于此前建造的景福宫以东，因此也被称为东宫。宫中的禁苑仅供皇帝一人独享，是整个建筑群的点睛之笔。花园环湖而建，设有多处凉亭，园中有的树木树龄长达300年。1907年起，这座皇家花园向公众开放，普通人也可领略这令人心旷神怡的景色。宫中用于处理政务、招待使节和日常居住的宫殿都曾多次毁于大火，又不断重建。1611年至1872年，朝鲜实行严格的边禁措施，处于闭关锁国的状态，当时的政府就位于昌德宫。在宫苑内所有非凡的宫殿建筑中，最华美的要数仁政殿，殿内设有君主御座，国王常在此接见使节。

▲ 无论是禁苑花园还是宫殿群中的建筑，都被设计得富丽堂皇。

大殿今天的面貌也并非其最初的形态，而是1804年重修的结果。

南汉山城

这个建筑群位于首尔东南方向 30 千米处的南汉山上,海拔约 480 米。它综合了不同时代和不同文化下的要塞建筑形式,是建筑学上一次成功的尝试。

历史证据表明,早在 7 世纪,这里就已经建起了一座城堡。我们今天看到的建筑则大多源于 17 世纪,这座堡垒设有长达 8000 米、高达 7 米的防御工事,可容纳 4000 多人。仁祖大王率 3000 名僧人士兵抵挡了最初的围攻,但经过 45 天的围困后,食物短缺的问题逐渐尖锐,他们也被迫投降。投降清政府后的朝鲜保留了内政上的自主权,但沦为中国及其皇帝的附属国,南汉山城就此衰落。1954 年,古城得以修复,南汉山城及其周边茂密的森林随之成为首尔城市居民郊游散心的不二之选。

◀ 尽管城墙提供了严密的保护,但城中的人当年还是难逃投降的命运。

百济遗址区

这项世界遗产包括 8 处百济晚期的考古遗址。百济是 1 世纪至 7 世纪朝鲜半岛上并存的 3 个帝国之一。

百济由 1 世纪的一个城邦发展而来,在 4 世纪时几乎已经统治了整个朝鲜半岛西部。尽管它于 427 年前后不得不将大面积的国土割让给高句丽,并且于 475 年将首都迁至熊津,也就是今天的公州,但其统治区域内的文化和艺术发展繁荣,并与中国和日本保持着稳定的联系。百济的艺术家借鉴了中国的传统,并且将其发展为自己独有的风格,武宁王(501 年至 523 年在位)陵墓内精美的陪葬品证明了这一点。在迁都泗沘后,它与中日两国的联系又进一步加强。佛教早在 384 年就成了百济的国教,其影响在泗沘时代更进一步。也正是在这一时期,佛教经由百济传入了日本。660 年,百济被新罗攻陷,就此灭亡。

▲ 百济王朝见证了这一时期东亚各国之间活跃的文化交流。

朝鲜王陵

这项世界遗产包括40座具有代表性的王室陵墓（共有119座），分别位于18个不同的位置。这些陵墓修建于1408年至1966年，时间跨度长达5个多世纪，展现了深深植根于朝鲜文化传统中的祖先崇拜。

668年，新罗借助中国的势力，在对高句丽和百济的战争中取胜，这3个小国合为一体，形成了朝鲜半岛上第一个统一国家。在经历了9世纪的领土分裂时期后，918年，王建在朝鲜半岛北部建立了统一的高丽王朝，并逐步将整个朝鲜半岛纳入王国的统治之下。1231年，元朝大军首次征伐高丽，直至14世纪中叶都一直牢牢掌握着朝鲜半岛的控制权。随后，李成桂将军建立了朝鲜李氏王朝，于1392年至1910年统治朝鲜半岛，他的丰功伟绩

▲ 植被茂密的土丘状坟墓是祖先崇拜的象征。

使其在逝世后被追封为太祖。在李氏王朝的统治下，这片土地被统称为"朝鲜"。

华松古堡

18世纪末，朝鲜李氏王朝第22任君主李祘（1752—1800）下令在距首都汉城（今首尔）约50千米处修筑堡垒。华松古堡将东西方的实践经验高度结合，是同时代军事建筑的杰出典范。

正祖大王于1776年即位，他的统治一直持续到他逝世为止。为了修筑华松古堡，他从其他地区迁来了水原城全城的居民。整座建筑仅用了33个月便竣工，各项设施均采用当时最新的军事技术建造而成。古堡城墙全长超过5000米，高4—6米不等，共有4座城门和2座水门。4座城门分别为长安门、八达门、苍龙门和华西门，其中位于西面的华西门最高大坚固。城墙顶部每隔一段距离设有瞭望塔和炮楼，要塞前还设有堡垒。从19世纪初起，华松古堡逐渐衰落。日本占领朝鲜期间，大量历史建筑被完全摧毁；在第二次

▲ 如今的华松古堡在经过修缮后，重新焕发出了昔日的光彩。

世界大战和1950年至1953年的朝鲜战争中，古堡再度遭受了严重的破坏。直到20世纪70年代，它才得到了修复和重建。

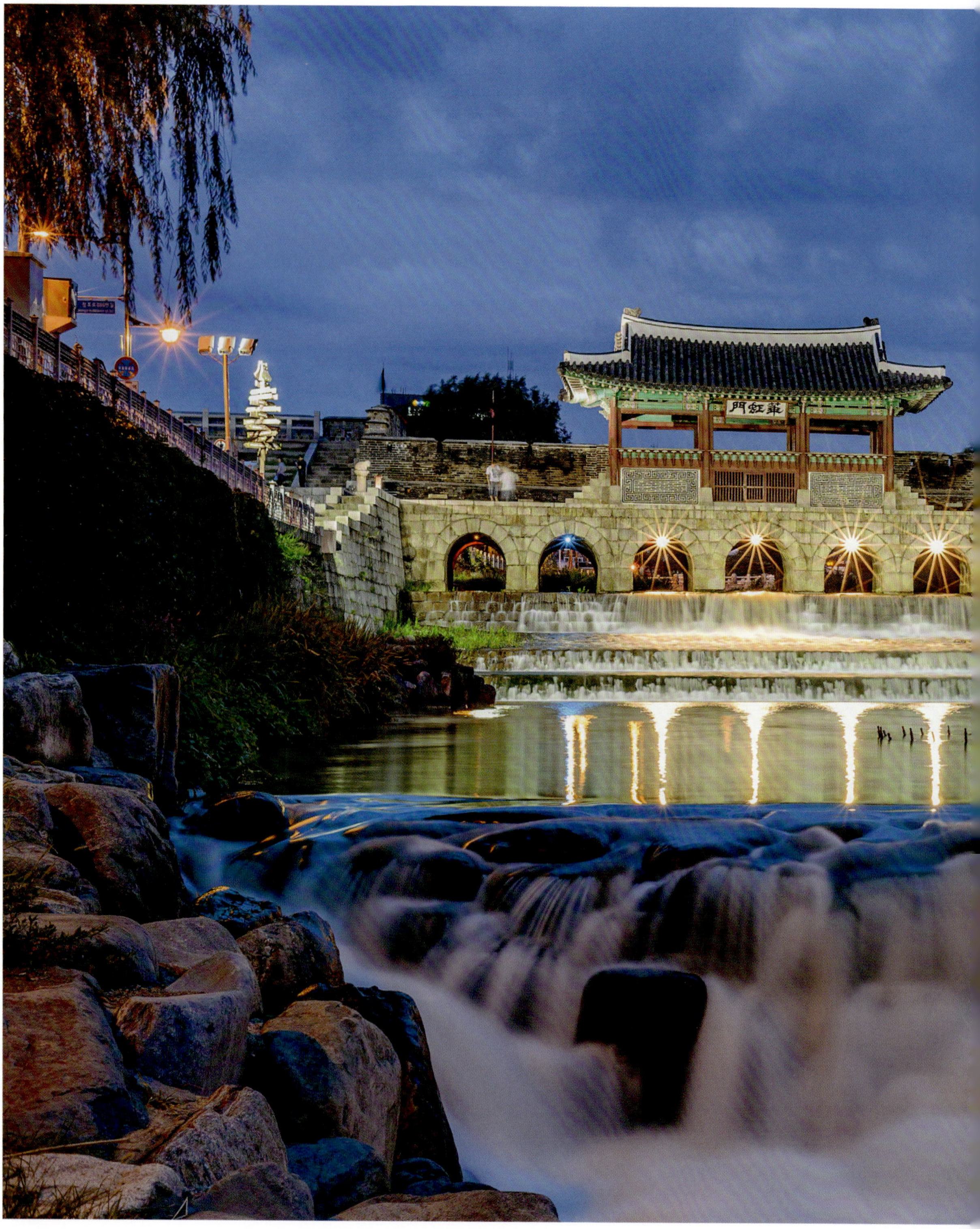
華虹門

这座角楼名为"访花随柳",形似凉亭,立于布置精巧的龙渊池上方。它是华松古堡的一部分,后者于1997年被联合国教科文组织列为世界文化遗产。

海印寺及八万大藏经藏经处

海印寺位于庆尚南道伽耶山，在其专门修建的书库（"藏经处"）中，存放着《高丽大藏经》经版。它是世界上最古老、保存最完好的佛经收藏之一，被联合国教科文组织列为世界记忆文献遗产。

"海印寺"这个名字可以追溯到802年，意为"平静湖面上的沉思之寺"。这一典故取自佛教经文（"契经"），其中将开悟之人的智慧比作平静的湖面，世俗欲望则是起伏的波浪。只有心灵像波浪平息的湖面般摆脱欲望，才能映照出万象真实的面目。对这座寺院来说，这也无疑是一个贴切的名字：1237年至1247年，为了祈求佛祖在元朝大军征伐朝鲜的过程中提供护佑，200余名僧侣正是在海印寺中对当时已发现的佛经进行了整理和编辑，最终将其结集成册，并且将经文以优美的字体逐字转刻在木质雕版上，形成了今天的《高丽大藏经》经版。

◀ 这片位于山上的寺庙建筑群共包括约50座建筑，其中大部分建于15世纪至18世纪。存放大藏经版的书库建于1488年。

石窟庵和佛国寺

石窟庵和佛国寺比邻而居，二者都位于庆州东南方向，是韩国最受游客欢迎的寺庙。它们是朝鲜半岛上曾经的新罗王国的佛教艺术杰作。

石窟庵和佛国寺是8世纪时的一位高官为了纪念祖先出资建造的。石窟庵是一座人工开凿的花岗岩洞窟寺庙。

寺内供奉着世界上最珍贵的佛像之一：一座通高3.5米的佛陀坐像。佛像采用中国唐朝的雕刻手法，通体以白色花岗岩雕成，描绘了历史上的佛祖释迦牟尼结跏趺坐的姿态，这也是佛教中最经典的坐姿之一。佛国寺位于原新罗王国都城庆州东南方向约13千米处，寺内藏有不少珍品，有用坚硬的方石砌成的石阶，象征通往佛教中极乐世界的道路。寺中还坐落着韩国最著名的一对双塔：质朴的释迦塔代表着佛祖的禅定与寂静，装饰繁复的多宝塔则象征着信徒丰富的内心世界。

▲ 这尊镀金青铜佛像就在佛国寺接受供奉。

历史村落：河回村和良洞村

这两座村落位于韩国东南部的庆尚北道，其宝贵之处在于村落的整体性和村内建筑与自然环境的和谐统一，这些都是儒家观念的体现。

▲ 河回村和良洞村两座历史性村落始建于14—15世纪。

河回、良洞两村的历史可以追溯到14—15世纪，它们被认为是朝鲜王朝初期最具代表性的宗族式村落。村庄布局显然是按儒家理想设计的：村庄面向河流和田野，周围的森林则为其提供了保护。宗族领导者的房屋装潢华美，坐落在地势较高处；较低处则是供普通宗族成员居住的简朴的木屋，以及茅草做顶的低矮泥屋。在良洞村，这些房屋中有超过50栋已有200年以上的历史。此外，村中还设有亭台和儒学书院。这些村落和周边的景致尤其受到17—18世纪诗人的青睐。村庄内还藏有一些保存完好的艺术品。不过，这两座村落并非得到发掘的露天博物馆，而是至今仍有人居住。

庆州历史遗迹区

7 世纪至 10 世纪时，庆州曾是朝鲜半岛上第一个统一的国家新罗王国的中心城市，在当时被称为"金城"。今天，这座韩国东南部的城市也是一座国家公园的核心部分。

在庆州及其周边的 200 座土丘下，埋葬着从 1 世纪起新罗王国的历代统治者。棋盘状的路网和古建筑与宫殿建筑群的遗迹，记录着 7 世纪王国统一后这座首都扩张的步伐。

始建于 1 世纪的半月城如今仅剩几处遗址。宫殿建筑群中的雁鸭池建于 7 世纪，在 1975 年至 1986 年对其进行疏浚和恢复时，在池中发现了新罗时期的建筑物和其他遗迹。

建于 7 世纪的瞻星台是整个东亚最古老的天文台，芬皇寺的佛塔则是新罗时期唯一保留至今的佛塔。

▼ 1975 年至 1986 年，人们对建于 674 年前后的人工湖雁鸭池进行了复原。

高昌、华森和江华的史前墓遗址

朝鲜半岛是世界上史前巨石文化遗存数量最多、最集中的地方。这里共发现了上万座支石墓，其中数百座都集中在高昌、华森和江华。

巨石文化遗留下的支石墓形似大型石桌：两块竖直耸立的高大石板支撑着一块盖顶石。史前史学家猜测它们可能是坟墓的一种。在全罗南道华森地区发现的支石墓就为这一猜想提供了依据，人们在这座大约建于公元前 800 年至公元前 500 年的巨石群周边发现了多种陪葬品。江华岛上的支石墓可能也被当作祭坛使用。

这里还坐落着朝鲜半岛上最大的支石墓，仅其盖顶石就重达 50 吨左右。尽管在高昌的支石墓群附近没有发现陪葬品，人们还是倾向于认为，它同样起到坟墓的作用。朝鲜半岛上支石墓的建造一直持续到公元前 3 世纪。

▲ 史前史学家怀疑在江华发现的支石墓建在墓穴之上，是作为祭坛使用的。它们可能是公元前 1000 年盛行于韩国的巨石文化的最古老的见证之一。

济州火山岛和熔岩洞

韩国南部岛屿济州岛上，共有 3 处遗址和景观被列为世界自然遗产。地质史上一系列重要的现象与过程在这里清晰可见。

位于韩国南海岸的济州岛是在长达 120 万年的时间里，在多次火山喷发作用下形成的。矗立于岛屿中央的汉拿山海拔 1950 米，是韩国最高的山峰。与其东侧的拒文岳相同，汉拿山的熔岩管系统也形成于大约 10 万年前。当液态的熔岩流沿斜面向下迅速流淌时，表层熔岩比内部冷却更快，形成了一条坚实的管道，这就是所谓的熔岩管。在熔岩流停止喷发前，新喷出的熔岩还将继续沿着这条管道奔流。在汉拿山及其寄生火山锥上，共发现了 8 条熔岩管道，其中最大的一条长达 7416 米，宽达 23 米。自 1970 年以来，火山及其火山湖周边地区已被指定为国立公园，它为东方狍和孟加拉猫等许多濒危动物提供了栖息之所。

▲ 汉拿山是一座休眠火山，它的上一次喷发还是 5000 年前。

日本

知床半岛

独特的气候造就了知床半岛及其周边海域特殊的生态系统，带来了充足的营养物质和丰富的物种。

来自西伯利亚的冷风卷起北半球的海水吹向南方，北海道东北部的知床半岛便是这些寒冷的洋流能到达的最南端。大量浮游植物在冰层下生长繁殖，构成了一条漫长食物链的开端。浮游植物是磷虾和其他微小水生动物的营养来源，贝类和小型鱼类以这些生物为食，而小型鱼类又被更大型的鱼类、海豹和海狮等海洋哺乳动物或白尾海雕捕食。为了产卵，鲑鱼和鳟鱼会沿河流逆流而上游向内陆，它们因此成为棕熊以及濒临灭绝的毛腿渔鸮和虎头海雕的食粮。海洋各水层不同的盐度也是造就海洋生态系统巨大生产力的重要原因。由于没有大江大河注入鄂霍次克海，这种盐度分层得以保持稳定、不相混合。在知床半岛沿岸共发现了包括10种鲑鱼在内的223种鱼类和28种海洋哺乳动物，其中需要特别保护的是黄褐色的北海狮，除了一圈茂密的鬃毛，它几乎没有其他毛发。

▲ 在鄂霍次克海特殊盐度的影响下，该地区的海洋动物种类特别丰富。

白神山地

这里是东亚仅剩的成片山毛榉原始森林之一，也是日本作为人口密集的国家致力于保护自然生态环境的象征。被列为世界遗产的地区总面积约170平方千米。

以日本山毛榉为主要树种的原始森林曾经一度覆盖日本全境，但其中大部分都在后来的采伐活动中遭到了严重破坏。20世纪80年代，在经过长期的研判之后，人们最终决定将本州岛北部遍布山毛榉的林地列为自然保护区。这片东亚最大的原始山毛榉林为许多动物提供了宝贵的栖息地，如世界上分布范围最靠北的猿猴种群、亚洲黑熊、属于羊亚科的日本鬣羚和87种鸟类，其中包括被列入濒危物种红色名录的黑啄木鸟。在白神山地的森林中，还生长着包括一些珍稀兰花品种在内的500多种植物。海拔1243米的山地和山中奔涌的15条河流给人类通行带来了很大的困难，以至在早年间，就连采药人都不愿重复造访这里，以免在山中迷路。至于原始森林中被列为世界遗产的部分，更是几乎无人涉足。

▲ 本州岛北部的部分山毛榉树树龄已有200余年。

平泉：象征着佛教净土的庙宇、园林与考古遗址

这项世界遗产见证了平泉崛起为"北方京都"的辉煌时代，也保留下它在净土宗转世论的影响下被改造为佛教理想中彼岸天国的种种痕迹。

平泉位于流经日本本州岛东北部的北上川中游，这座今日的僻静村庄在11—12世纪的鼎盛期曾拥有多达10万的居民。藤原氏将平泉定为政权中心，统治当地达四代人之久，这对这座城市的命运产生了深远的影响。为与京都相抗衡，平泉不仅要拥有繁荣的文化和发达的经济，还要成为思想和精神信仰的中心。统治者集结了当时最优秀的艺术家和工匠，力图将平泉改造成佛教在人间的彼岸天堂。中尊寺、毛越寺，以及圣山金鸡山上象征佛教净土的开阔庭院的遗迹和其他考古遗址，都是这一氏族曾经的雄心壮志的见证。

▼▶ 这些红色木桥是通往庙宇的道路。

白川乡和五屹山历史村落

在本州岛山区3座历史悠久的村落里,仍然保留着数百年前的传统建筑,其标志是宽敞的多层房屋和坡度陡峭的茅草屋顶。

在位于本州岛北部白川乡和五屹山(分别属于岐阜县和富山县)的村落中,有许多不同寻常的木结构房屋,屋顶呈双坡式,上覆茅草,坡度极大,这种建筑形式在当地被称为"合掌造"。当地冬季漫长而寒冷,积雪平均可达到2—4米厚,只有这样的屋顶才能承受积雪的负荷,这种传统建筑方法直到今天仍在使用。另一个重要原因则是养蚕业的需要,蚕的养殖要求足够的室内空间,合掌式房屋高耸的屋顶下通常可以容纳2—4层中间楼层,有时还可以达到5层,房内可容纳40—50人。白川乡和五屹山对传统的保护程度在日本是绝无仅有的——在其他地方的乡村,绝大多数历史上形成的建筑都已在经济发展和社会变迁的影响下不复存在了。

▲▶ 在白川乡的村落里,几乎每一栋茅草做顶的木结构房屋都被花园和田地环绕。

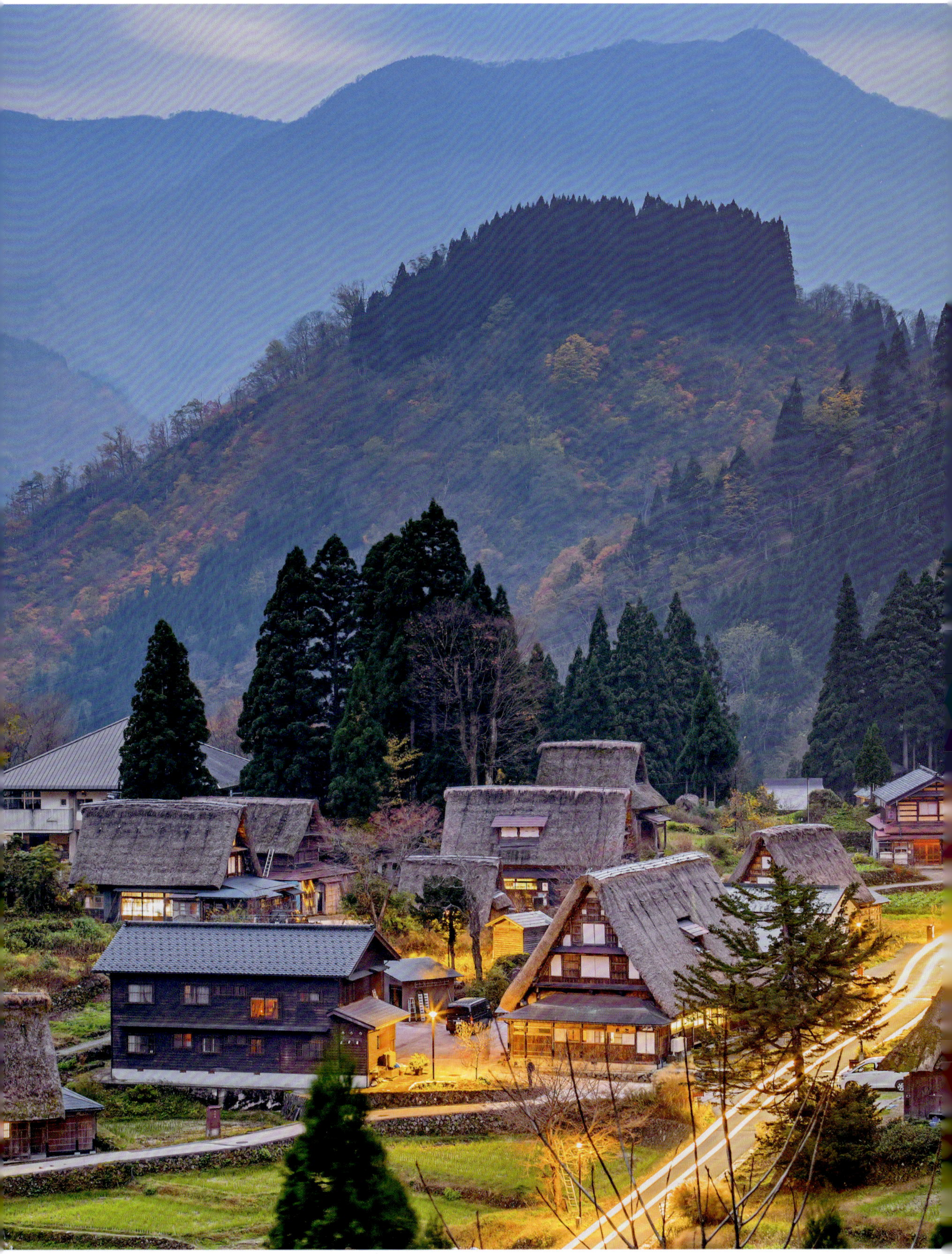

日光神殿和庙宇

德川幕府的创始人德川家康将这处自然与建筑和谐统一的佛教圣地选为自己陵墓的所在地。

　　日光坐落在东京以北约 150 千米处，位于同名国立公园的边缘。城中大道通往城外的寺庙建筑群，道路经过精心规划，路旁栽有树龄数百年之长的日本杉树，是城市中一道迷人的景观。

　　轮王寺的历史可以追溯到 8 世纪，寺内的三佛堂建于 848 年，供奉有两座观音像和一座 8 米高的阿弥陀佛像。在建筑风格深受中国影响的东照宫内，埋葬着德川家康（1543—1616），他所建立的幕府曾统治日本长达 265 年之久。他的陵墓建于 1634 年至 1636 年，由其孙德川家光主持，依照其身份对应的规格设计建造。据说共有约 1.5 万名工匠和艺术家参与了这项浩大的工程。3 座宏伟的城门——仁王门、唐门和阳明门——是神社地区的标志。这里的建筑物通体漆成红色，装饰由顶尖的艺术家完成，结合了日本两大主要宗教——佛教和神道教的元素。它们分别位于 3 座庭院内，以供游客观赏。红金相间的 5 层宝塔和鼓楼，以及 12 米高的钟楼气势凛然，是整片区域内最高的建筑。

▲ 3 只猴子对恶行不闻、不言、不看，象征着日本人的谨慎与克制。

▲ 经过这扇大门，就来到了大猷院，即德川家光墓前。

▲ 轮王寺的柱廊运用了大量的佛教元素。

▲ 东照宫是为供奉德川幕府的开创者德川家康而建的。

▲ 日光的寺庙建筑群矗立在高耸的杉树林中央，这些建筑结合了不同宗教的元素。

▲ 神社内形如此类的雕像承担着保护和守卫神社的责任。

144　一生必去的世界遗产：走进亚洲

在前往东照宫的路上，人们会通过许多装饰精美的大门，此外还有一座巨大的石鸟居。这座 9 米高的石鸟居标志着东照宫的入口。不计其数的百年老杉包围着整个宫殿建筑群，它们也被称作日本雪松。整个地方散发出一种特殊的魅力。

富士山

日本所有有代表性的宗教都将富士山视为圣山。千百年来，这座休眠火山的山坡上逐渐建起了数百处神社和圣地。

这座日本人眼中的圣山在德语中被称为"Fudschijama"，可能缘于对日文字母的误读。日本人将其称为"Fuji-san"，末尾的音节"san"就是山峰的意思。当然，这些都只是无伤大雅的误解。富士山海拔 3776 米，是日本第一高峰。火山活动使富士山顶形成了规则的锥形，它也因此被认为是世界上最美丽的山峰之一。山上绿树环绕、湖泊遍布，2000 多年来吸引了无数虔诚的信徒登山参拜。这座圣山也激发了许多诗人和视觉艺术家的创作灵感。在大量描绘富士山的作品中，现存年代最早的可以追溯到 11 世纪，最著名的则是葛饰北斋的系列彩色木版画《富岳三十六景》（约创作于 1830 年）。它们使富士山成了日本在国际上公认的标志，也对西方现代艺术产生了很大的影响。这项世界遗产由 25 处景观组成，其中包括山麓处同样备受崇敬的湖泊，它们被认为是富士山圣洁庄严之美的代表。

▲ 富士山的优美景色也使之成为艺术作品中常见的主题。

富冈制丝厂及近代绢丝产业遗迹群

位于东京西北方向约 100 千米处的群马县以历史悠久的制丝厂著称，它也是日本从封建国家向现代工业国家转变的标志。

这座制丝厂是在日本政府的倡导下于 1872 年，即明治五年建成的，当时正值日本现代化的开端。该厂是以西方模式为蓝本的模范工厂，除了一座纺丝厂和一个附带冷库用于储存蚕卵的蚕种场，还包括一所职工学校，为工人们教授新的纺织技术。人们希望这些知识和技术能在全国范围内传播，从而加速工业化的进程。尽管采用了现代化的生产方式，工厂的房舍还是使用了传统日本建筑的元素，这种日本建筑形式和西方科学技术的和谐共生在世界范围内也是绝无仅有的。100 多年来，该工厂始终坚持生产高品质的丝绸，直到 1987 年才停工关闭，被改造为一座博物馆。

▲ 制丝厂建筑虽然采用了日本风格，但技术上仍然向西方标准看齐。

法隆寺地区的佛教古迹

这片寺庙建筑群包括世界上现存最古老的木结构建筑之一，以及拥有大量1000年以上历史的、极为珍贵的塑像。

法隆寺位于古都奈良西南方向10千米处，其历史可以追溯到7世纪初，即佛教在日本被定为国教的初期。607年，摄政王正德太子下令修建法隆寺。原有的寺庙建筑群仿照中国建筑样式修建，670年时几乎被完全烧毁，直到710年，也就是在奈良时代的开端才得以重修，建成了目前世界上最古老的木结构建筑之一，由正殿（"金堂"）、五重塔、中门和与其相连的回廊几部分构成。正殿内的6尊塑像可能是从被烧毁的前身中遗留下来的，如果这一猜测属实，它们就是日本现存同类塑像中历史最悠久的。"金堂"也是佛教寺庙建筑中重要的祭祀场所。早在8世纪时，人们就对法隆寺进行过扩建。这项世界遗产共包括48座建筑物，其中11座的历史已超过1100年。

▲ 在这片世外桃源般的寺庙建筑群中，存放着木雕佛像等一系列珍贵而古老的塑像。

纪伊山地的圣地与参拜道

纪伊山地位于本州岛南部，由吉野和大峰、熊野 3 座山以及高野山 3 座圣地组成，1200 多年来前来参拜的人络绎不绝。佛教和神道教在这里相互融合、和谐共生。

纪伊山地的几处祭祀场所不仅彼此相连，还经由参拜道通向奈良、京都等皇城。这里的神殿和寺院都散布于山中，依周围的自然条件和景观而建，与针叶林、小溪、河流和瀑布形成了不可分割的整体。在茂密的雪松林中的阴影里，或是在神殿内，可以看到一些形象可怖的塑像，它们是为使邪灵恶魔远离圣地而设置的守卫。纪伊山地的神殿建筑群由空海大师所建，他于 816 年隐居在这片偏远的山区，在此将日本本土的神道教和 6 世纪时从中国、韩国传入的佛教相结合，创立了真言宗。这一宗派目前已有信徒约 500 万名。

◀ 青岸渡寺的佛塔和神圣的瀑布。
▼ 通往朝圣地的道路从大片森林中横穿而过。

古奈良的历史遗迹

奈良是日本第一座正式稳定的都城,这里的寺庙和神社见证了日本贵族时代的开端,以及日本佛教艺术发展史上的第一个巅峰。

奈良在布局上仿照中国唐朝的都城长安,呈棋盘状,这座日本最早的都城仅用了4年时间便修建完工。宏伟的皇宫坐落在城北,直到奈良时代宣告终结,先后共有7代天皇在此居住。从皇宫出发,一条南北向主干道将整座城市分为两个相等的长方形。此前传入日本不久的佛教各宗派也纷纷在城内修建庙宇和寺院。始建于710年的兴福寺建筑群直到11世纪仍在不断扩建,寺内的三重塔(1143年建成)比例和谐,被公认为日本最美的佛塔之一。东大寺(始建于728年)所在地区是极具影响力的华严宗的中心,这里矗立着世界上最大的木结构建筑之一。

▲ 卢舍那大佛像是一座巨大的青铜佛像,它被安置在1708年前后建成的东大寺大佛殿内。

兴福寺的中心建筑由北、东、南 3 间大殿构成。每间大殿中都装饰着许多价值连城的佛像、雕塑与祭坛。

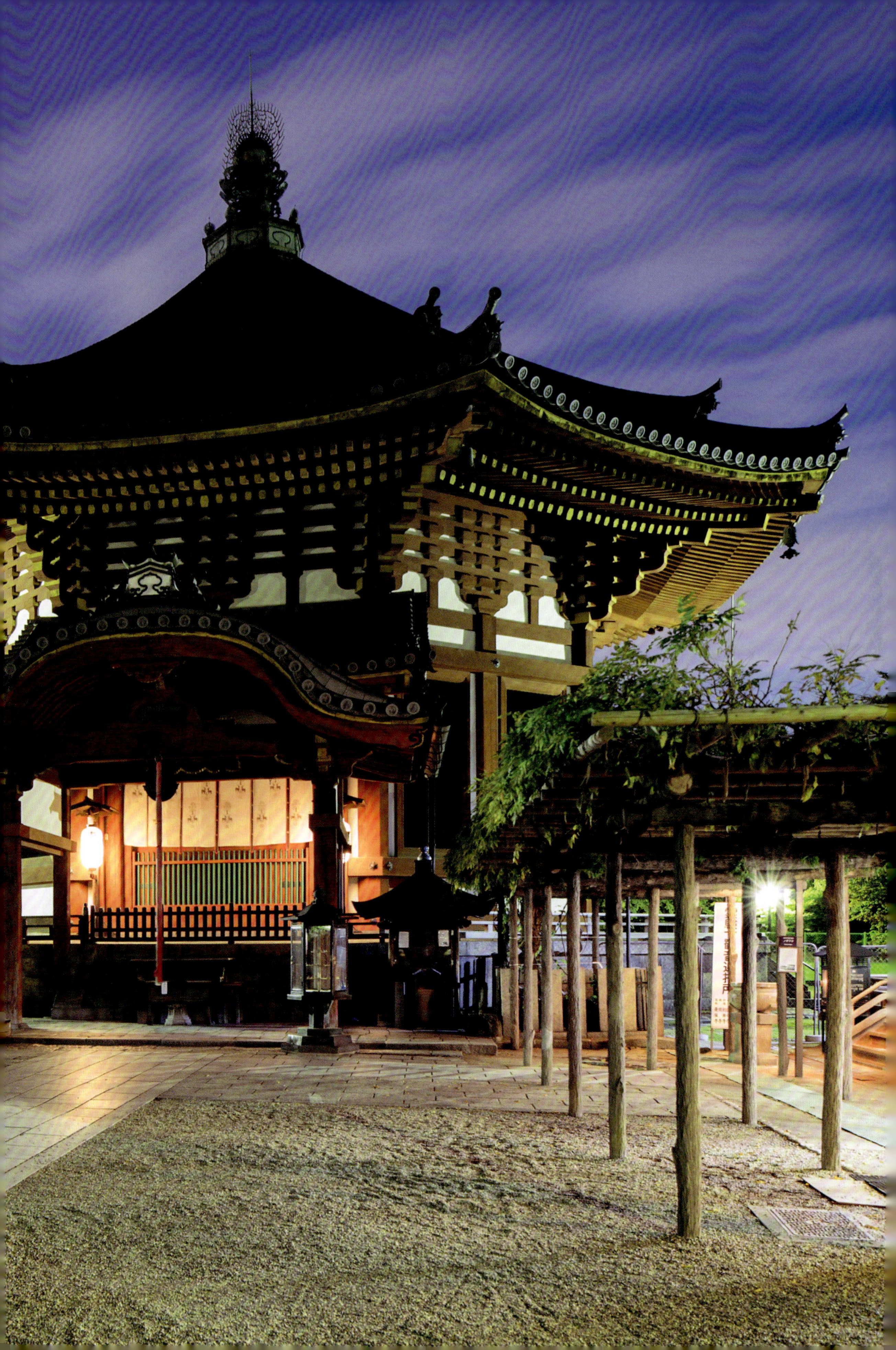

禅

禅宗是一种通过冥想和专注来认识永恒真理的修行方法。它由印度高僧菩提达摩祖师于6世纪创立，后于13世纪经荣西、道元两位佛学家传入日本。禅宗在武士阶层中尤其受欢迎，他们需要修炼坚韧强硬、清心寡欲的品格，从而与宫廷的奢靡生活保持距离。

在禅师的指导下，禅宗修行者应当通过直觉和顿悟认识事物。根据曹洞宗的观点，数小时的坐禅冥想和深呼吸能让心灵从所有负担和杂念中得到解脱。临济宗的禅师们还喜欢提出一些自相矛盾的问题（"公案"），以突破纯理性思维的限制。他们还格外强调在日常事务中保持专注（"作务"），在这种心态的影响下，以茶道为代表的许多行为都演变为一种仪式。

除茶艺外，日本在禅宗的影响下还发展或完善出一整套各式各样的文化习俗，包括能剧、插花艺术（花道）、俳句（诗歌的一种）和各种武术。

京都古建筑遗址和园林

这座古老的皇城1000多年来一直是日本古典贵族文化的中心，城中的寺庙、神社、宫殿和园林无不展现出其特有的美感。

这项世界遗产包括分散于京都、宇治和大津的17处遗址：3座神道教神社、13座佛教寺院（其中一些是作为贵族宫殿兴建的，因此通常设有花园）和二条城。二条城始建于1601年，是幕府在京都的权力象征，也是德川幕府造访京都时的行宫。

宏伟的二条城和佛教禅宗思想影响下的花园与茶室在美学上形成了鲜明的对比，后者的典型代表如建于1340年的西芳寺（因园中遍地青苔，又称苔寺）以及龙安寺的石庭。庭园占地面积达300平方米，庭中15块不规则的岩石散置于经耙制修整的砾石地上。神道教神社同样采用简单朴素的建筑形式，屋顶都以茅草铺成。在位于宇治的平等院（建于10—11世纪）中的阿弥陀堂（凤凰堂）内，供奉着著名的木制镀金阿弥陀佛像。

▲ 伏见稻荷大社内的道路两旁布满了鲜红的鸟居，沿山道向上便可到达山顶的圣地。它是开放可见的，这种形式对神道教神社来说并不常见。

◀ 龙安寺是京都最著名的禅宗庭园，以寺内的枯山水式石庭闻名。这座建于 1450 年前后的庭园仅有 25 米长、10 米宽，庭内形状各异、大小不一的石头散置于细白的砂石上，砂地被耙制出波浪状的图案。整处景观代表着海上的岛屿，船只在海面航行。

▼ 著名的金阁寺就坐落在京都，建于 1397 年。

▲ 最初的清水寺早在 798 年就已落成，今天我们看到的建筑是 1633 年重修而成的。

▲ 这座巨大的镀金佛像位于平等院主殿阿弥陀堂，这里自江户时代以来改称凤凰堂。

▲ 这座精巧的凉亭属于醍醐寺建筑群，它和谐地融入了周围的自然环境。

夜幕降临，京都东寺的五重塔金光闪耀。这座寺院又名"教王护国寺"，以在这里举办的新年庆典而著名。

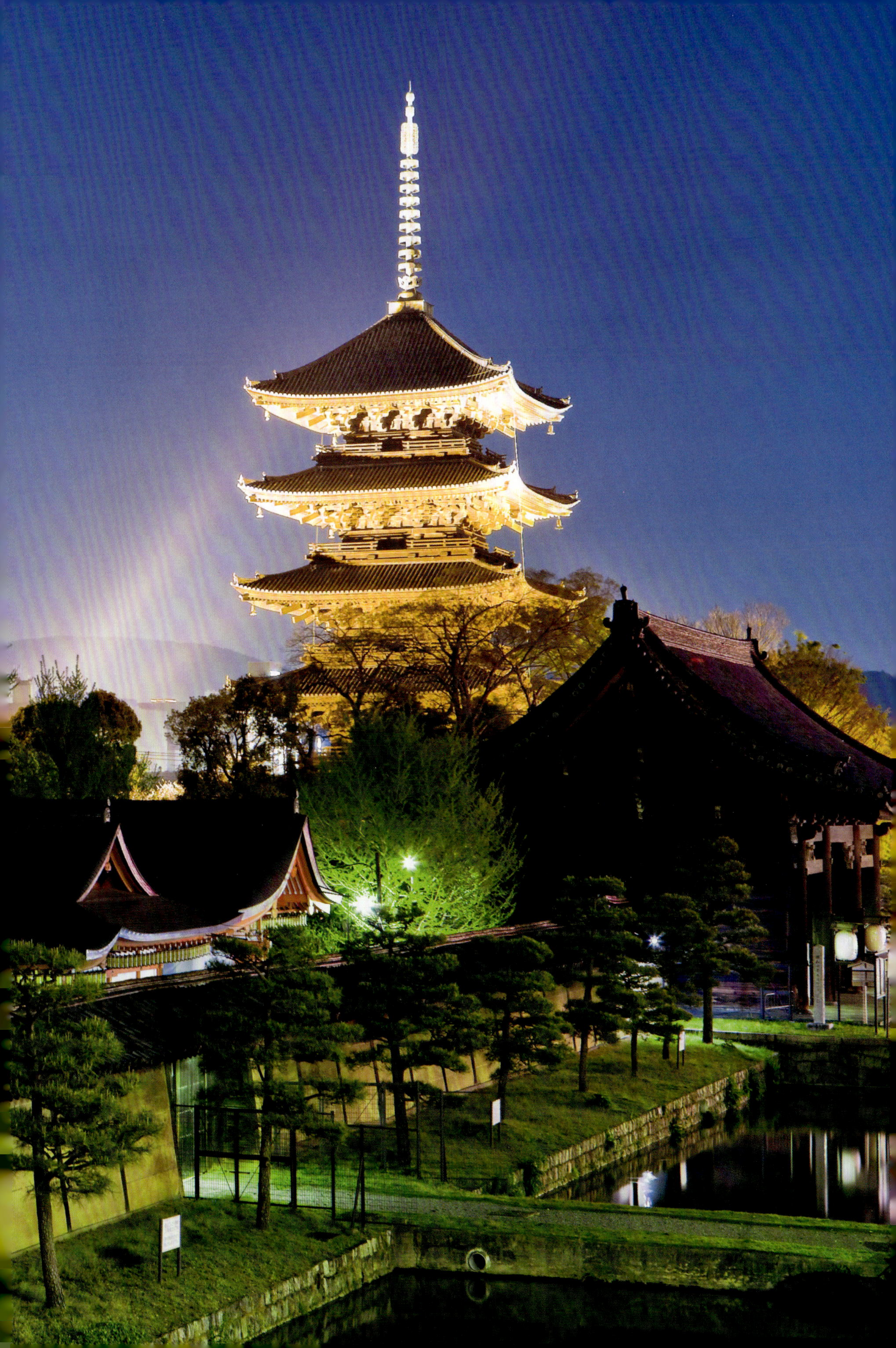

严岛神社

这个仿佛漂浮在水面上的神社建筑群位于濑户内海的宫岛，距广岛不远，紧靠日本最美丽的海岸之一。它完美地体现了神道教对自然的神化。

这座供奉3位海洋女神的神社据说建于593年。因为宫岛（或称严岛）自古以来便是圣地，传说在11世纪前只允许祭司涉足。为了保持祭祀场所的纯洁，岛上直到今天也不设墓地。

神社的主体建筑建于1556年至1571年，整个建筑群保持了与初建时相似的平安时代风格。神社由8座大型建筑和许多小型建筑组成，它们都建在浅海的脚架之上，由回廊相互连接。陆上的其余建筑则组成了"外社"。1875年增设了16米高的鸟居，作为神社的"入口大门"。

▲ 严岛神社的红色鸟居只有在涨潮时才会被海水包围。

广岛和平纪念公园

原子弹爆炸圆顶屋是对核武器首次投入军事使用的纪念。它象征着更高层面上的破坏力，同时也是一座和平的纪念碑。

1945年8月6日是改变世界的一天。为了迫使日本在第二次世界大战中无条件投降，美国决定将一种新研制的武器投入使用。B-29"伊诺拉·盖伊"号轰炸机在港口城市广岛投下了第一颗原子弹"小男孩"，它在城市中心上空570米处爆炸，摧毁了方圆4000米内的一切。在爆炸中丧生的平民人数没有确切数字，据统计在9万至20万之间，其中包括数千名朝鲜劳工。3天后的8月9日，美军在日本投下的第二颗原子弹"胖子"击中了长崎，造成2.5万至7.5万人死亡，遭受放射性核辐射的爆炸幸存者（"被爆者"）的痛苦更是难以估量。直至今日，仍有人死于使用核武器造成的迟发后遗症。

▲ 这座建筑曾经是广岛公会和商会的所在地。如今同被烧毁的穹顶一起，成了现代战争之恐怖的象征。随着核力量失去束缚，这种恐怖也上升到新的高度。

姬路城

姬路城建于德川幕府建立之初,是日本规模最大、保存最完好的城堡建筑。它在功能、形式和美学上都有所建树。

长达一个世纪的内战使日本的城堡建筑得到了迅猛的发展。这种建筑既是堡垒又是宫殿,还是德川幕府统治下(始于1600年)新政治秩序的体现。姬路城位于神户以西50千米处,它的建造者是德川家康的家臣。城堡总占地面积22公顷,周围筑有护城河和环状城墙。天守阁是整座建筑群的中心,也是一项建筑学上的杰作。它是一座外部6层、内部7层(包含位于地下的一层)的塔楼,室内空间完全为木质结构。为防御可能的火攻,坐落在天然岩石地基上的墙体都经过粉刷,城堡提供防御和保持美观的要求在此得到了很好的平衡。城墙上的狭间(射击孔)也反映出设计者的这种考虑:它们有的呈圆形,有的则呈三角形或四边形,看上去甚至略显儿戏,却从侧翼为通往城堡大门的道路提供了

▲ 极富日本风情的樱花映衬着矗立在明亮蓝天下的姬路城。

有效的掩护。就连大门上的铁质镀层也经过精心装饰,将防御和审美功能完美地结合在一起。姬路城在第二次世界大战期间曾遭到轰炸,但最终在空袭下幸存,且几乎毫发无损。

石见银山

石见银山银矿位于本州岛海岸的一片崎岖山地上。除银矿遗址外,这项世界遗产还包括周边的文化景观,如16—20世纪的矿山小镇和白银冶炼遗址,以及两条将矿石运往临海地带的运输路线,矿石在那里被装船运往中国和韩国。

1530年前后,日本商人神谷寿贞成了第一个对本州岛西南部的白银矿藏进行开采的人。当时控制着石见地区的大内家族也对他的开采活动予以支持和保护,以在与中国和韩国的贸易中赚取钱财。白银贸易的繁荣持续了2个世纪之久。17世纪时,这里的纯银年产量达到史上最高的1000—2000千克,随后便开始走向衰退。到了19世纪中叶,白银年产量仅有100千克。1923年,石见银山银矿被迫关闭。这项世界遗产由14处遗址组成,包括坑道、竖井、冶炼炉和矿区小镇的考古遗迹,以及

▲ 这座如今已被青苔覆盖的废弃银矿,在17世纪时曾是一片重要的矿区。

防御工事和运输路线,还包括当地的神社、寺庙、远郊的纪念碑和3座港口城市。

明治工业革命遗迹

这项世界遗产囊括了 23 座工业建筑，它们是日本工业革命的见证。

19 世纪下半叶，日本充分吸收了西方科学技术发展的成果，在几十年内完成了从封建国家向近代工业国家的转变。19 世纪中叶，日本还是一个与世隔绝的国家，所有权力都掌握在幕府将军手中。直到 1853 年，一支美国舰队强行驶入横滨港，迫使幕府开放港口进行国际贸易，这种情况才有所转变。贵族阶层认识到西方在技术和军事上的优势，于是推翻了幕府统治，将政权归还给了天皇。睦仁天皇（1867 年至 1912 年在位）掌权后改元"明治"（意为"开明的统治"），对国家和社会进行了全面的改革。到明治天皇统治末期，日本已经完成了工业化，成了一个按照西方模式运转的现代国家，同时也是一个帝国主义强国。

▼ 日本在睦仁天皇的统治下开始向西方开放。

小笠原群岛

小笠原群岛由西太平洋上的一系列小岛组成,位于日本本州岛东南方向约 1000 千米处。由于与世隔绝,岛上至今仍保留着远古时期的自然风貌以及多种当地特有的动植物。它也因此被誉为"进化的橱窗"。

小笠原群岛南北延伸 400 千米,总面积 79.4 平方千米,在组成群岛的 30 个岛屿中,只有父岛和母岛两座岛有人居住,此外还有约 400 名美军士兵驻扎在硫磺岛。群岛形成于约 4800 万年前,是地质构造运动和火山活动的结果。部分岛屿上的亚热带气候和常年弥漫的雾气为珍稀的附生植物的生长提供了有利条件,这些植物依附在其他植物之上,既不从它们身上获取养分,也不与土壤接触。目前群岛上已发现并记录下 400 多种当地特有的植物、近 200 种濒危鸟类、1400 种昆虫和多种稀有蜥蜴。岛上发现的蛇类中,也有 1/4

▲ 这些岛屿自 1876 年开始归日本所有,1951 年至 1968 年处于美国的管理之下。1972 年起,小笠原群岛被指定为国立公园,受到更严密的保护。

为当地特有,其中包括这里唯一一种陆地哺乳动物小笠原狐蝠。

屋久岛的杉树林

日本屋久岛的杉树树龄长达 3000 多年,是屋久岛上常绿原始森林中的瑰宝。

屋久岛是一座花岗岩岛,距九州岛南部 60 千米,海拔 1935 米。岛上年降雨量可达每平方米 1 万毫米,加之气候类型丰富,涵盖从亚热带海岸到高山气候山地的多种气候区,因此这里的植被类型达到了惊人的 1900 种左右。在岛上的暖温带气候区一片难以通行的原始森林中,生长着古老的日本杉树(或称日本柳杉)。这种针叶树属于柏科,与黎巴嫩雪松仅有远缘关系。日本杉树可以长到 40 米高,自古以来便是深受日本人喜爱的建筑木材。直到 20 世纪 60 年代,林业一直在屋久岛的经济结构中扮演着重要的角色。后来,为了保护大量令人见之难忘的参天巨树,岛上 1/3 的面积都被指定为国家公园。其中最著名的一棵是发现于 1966 年的

▲ 国家公园的核心区域是一片几乎无人涉足的雨林,林中生长着高大的日本杉树,地上遍布着苔藓和地衣。这些杉树同时也是日本猕猴的栖息之处。

绳文杉,它的树干在齐胸高处的周长达到 16 米,树龄据推测已达 3000 年以上。

一生必去的世界遗产：走进亚洲

屋久岛是位于九州岛南部的一座小岛，岛上的杉树林据推测已有超过3000年的历史。1993年，这片林地被列为世界遗产。林中多有怪木遒劲曲折，图中这株老杉似一座神秘大门，兀立在一片被施了魔法的森林深处。

◀ 印度的风景名胜数不胜数，倒映在阿格拉城亚穆纳河中的泰姬陵是最美的伊斯兰建筑之一。

▼ 阿旃陀石窟群是一处亮点，窟中保存着极富艺术价值的古老壁画（图为一位公主与她的女仆，今藏于巴黎吉美博物馆）。

南亚和东南亚

巴基斯坦

塔克特依巴依佛教寺庙建筑群

塔克特依巴依佛教寺庙建筑群源自古犍陀罗时期，在1世纪至4世纪达到鼎盛。世界文化遗产范围还包括附近的一座小堡垒遗址，即萨尔依巴赫洛遗址。

一条重要的贸易路线穿过如今巴基斯坦北部的斯瓦特山谷，这也是佛教向东方传播的路径。塔克特依巴依佛教寺庙建筑群位于马尔丹西北方向大约15千米处，坐落于一座约150米高的小山上。寺庙的中央是一座庭院，四周是冥想室。主佛塔在侧面庭院中高高耸起。

这里的僧侣居住在宗教区周围建筑的小室内。迄今为止的证据表明，早在公元前1世纪，这里就已经出现了聚居区，于公元1世纪起如日中天——那时，如今的巴基斯坦北部和印度北部正在佛教的启示下经历黄金时代。一些最古老的建筑可以追溯到7世纪。1836年，一位为王公服务的法国军官发现了这一遗址。

▲ 人们可以在遗址欣赏斯瓦特山谷的美丽景色。

罗赫达斯要塞

征服者舍尔沙在击败莫卧儿帝国统治者胡马雍之后建造了这座要塞，它成为伊斯兰早期军事建筑中最令人印象深刻的范例之一。

舍尔沙（约1486—1545）是普什图人。他去世后，由他开创的苏尔王朝仅持续了十几年，短暂打断了印度莫卧儿帝国的统治。但他引领的现代化进程在此后多年间对印度次大陆北部产生重要影响。罗赫达斯要塞于1541年至1547年建成，这一军事基地位于如今巴基斯坦北部旁遮普的一处战略要地。宏伟的城墙绵延超过4000米，顶部还建有巨大的塔楼和堡垒。在12座宏伟的大门中，要塞西南侧的索海里大门因其规模和造型尤其令人印象深刻。外墙不仅保护宫殿区域，同时也庇护着军事建筑和民用建筑。

尽管这座要塞从未遭受袭击，却很快被莫卧儿帝国统治者接管。因此，这一南亚最雄伟的军事建筑之一得以保存至今。

▲ 罗赫达斯要塞的城墙和堡垒几乎保持原样。这一军事基地尤其令人印象深刻的是索海里大门（如图）和喀布尔大门。

塔克西拉古城遗址

巴基斯坦北部最重要的古城遗址包括多个源自公元前 5 世纪至公元 2 世纪这一阶段的遗迹，其中最重要的包括皮尔丘、瑟赖盖拉、锡尔凯波和锡尔孙凯遗址。

塔克西拉曾是犍陀罗国的首都，位于一条从西部穿过开伯尔山口通往加尔各答的军事大道旁。作为孔雀王朝后裔的阿育王是塔克西拉的总督，在公元前 268 年成为古印度最强大帝国的统治者。他很可能在皮尔丘接受了佛教信仰，并且开始在印度大规模地进行传教活动。

锡尔凯波的建立源于巴克特里亚王国的希腊人，锡尔孙凯的落成则要追溯到贵霜帝国的统治者阎膏珍，他也是佛教的重要推动者。犍陀罗艺术的具体形态就诞生于希腊和北印度的文化交融。在锡尔孙凯附近的山坡上，人们建造了贾乌利安佛教寺院。主佛塔虽然遭到严重损坏，但是其周围的奉献塔仍然展现了受到希腊文化和印度文化双重影响的犍陀罗艺术结构。

▲▼ 达摩拉吉卡寺庙的佛塔（上下两图）也是塔克西拉古城遗址的一部分。

拉合尔古堡和夏利玛尔公园

巴基斯坦东北部的大都市拉合尔直接与印度接壤，城中藏有两处莫卧儿帝国的建筑珍品。

据说，拉合尔由神话英雄罗摩的儿子洛合建造而成。1000年左右，加兹尼王朝的苏丹马哈茂德在这里建造都城，拉合尔正式登上历史舞台。1397年，帖木儿摧毁了这座都城。16世纪时，莫卧儿帝国统治者为拉合尔的再次繁荣奠定了基础：在阿克巴大帝（1556年至1605年在位）统治时期，拉合尔发展成为亚洲最美丽的城市之一。这位莫卧儿皇帝将已有的堡垒加以扩建，使其成为帝国权力的杰出象征。夏利玛尔公园是莫卧儿帝国园林建筑的典范，由沙·贾汗（1628年至1658年在位）于1641年下令建成。种植着柏树和杨树的园林分布在3个露台上，占地面积超过16公顷。后由于道路工程破坏了近400年历史的灌溉系统以及周围的城墙，这些园林已成为濒危的遗迹。

▲ 这些园林是莫卧儿帝国园林建筑的杰出典范。

摩亨佐－达罗遗址

摩亨佐－达罗位于印度河下游，在苏库尔的西南方，曾是印度文化的中心。直至今日，这座古城依旧是世界上最古老的高度文明之一的见证者。

直到1922年，印度河文明（亦称为"哈拉帕文明"）才被人发现。它和尼罗河畔埃及的高度文明以及幼发拉底河和底格里斯河流域的美索不达米亚高度文明都有关联。早在公元前3世纪到公元前2世纪之间，这里已经和西方高度文明之间进行频繁贸易，诸如印章等在两河流域出土的物品便是对此的直接证明。摩亨佐－达罗的发掘证明，印度河文明展现了一种非常"市民化"的社会秩序，而非贵族或帝国的社会秩序。这里的主要建筑并非献给统治者的纪念建筑或者是上层阶级的宫殿，而是砖砌的住房。重要的公共建筑，如"大浴场"和"谷仓"，都建造在凸出的卫城或要塞之上。卫城或要塞一般位于聚居地的西部，即所谓的"下城区"。摩亨佐－达罗是得以完好保存至今的源自青铜时代的最大的聚居区，很有可能曾经容纳了3.5万名居民。发掘遗址占地约2.5平方千米。

▲ 摩亨佐－达罗遗址足以证明印度河文明的伟大。当地的房屋是砖砌的。

塔塔城遗址与逝去之城

除拉合尔之外,塔塔城是巴基斯坦建筑史上最重要的遗址。遗址中的几座陵墓堪称伊斯兰石刻艺术的巅峰之作。

在曾经的三朝古都塔塔城附近占地足有 15 平方千米的墓地中,萨玛王朝的苏丹以及答刺罕的统治者下令为自己建造的陵墓最为壮观。塔塔城所在的信德省地区直到 16 世纪末被并入莫卧儿帝国的版图前一直有着重要的政治和经济地位。沙·贾汗清真寺由莫卧儿皇帝沙·贾汗在 17 世纪中叶下令建成。萨玛人的陵墓位于马克利山丘的最北部。15 世纪末在位的尼扎穆丁是最杰出的萨玛王朝苏丹之一,他的坟墓装饰精美,是信德省建筑艺术的瑰宝。答刺罕人的坟墓也依照伊斯兰风格建造而成。1570 年逝世的米尔扎·扬·巴巴的宏伟陵墓由黄色石灰岩建成,墙壁上满饰着阿拉伯花纹和卷须图案。

◀ 在沙·贾汗清真寺的内部,小巧的马赛克和砖块的清晰线条交替出现。

168　一生必去的世界遗产：走进亚洲

沙·贾汗清真寺中，一颗十六角星在天顶上画出一个近乎完美的对称图案，圈圈点点，色彩斑斓。这件源自17世纪的贴瓷艺术品是南亚次大陆同类作品中的佼佼者。

印度
大喜马拉雅山脉国家公园

该自然保护区始建于1984年，位于印度北部喜偕尔邦，1999年被宣布成为国家公园，这对保护该地区的生物多样性具有重要意义。此外，针对早前以及当下冰期的研究，也为预测全球变暖的未来影响提供了重要的见解。

被列为世界遗产的区域占地约905平方千米，其地形景观多样性令人瞠目结舌：这里不仅有高耸的山峰，还有茂盛的山间草甸和浪漫的河谷，其中仅森林类型就达25种。上游地区汇集的融水对于河流下游居住的人们有着重大意义。国家公园为多种濒危物种提供了庇护，这里有着最大的黑头角雉种群以及最密集的喜马拉雅麝种群。这里也是濒危动物雪豹的重要栖息地。

◀ 珍稀动物雪豹也在国家公园田园般的景色中找到了家园。

楠达德维山国家公园和花谷国家公园

楠达德维山位于印度、尼泊尔和中国的三国交界处,海拔7816米,其周边地区是多种濒危动植物的重要庇护地。

在发达的旅游时代,即便是世界上最偏远的角落也有人涉足。因而就算如楠达德维这样的高山常人难以进入,在喜马拉雅地区设立保护区仍是必要之举。位于这座印度第二高峰附近的同名国家公园建立于1980年。园中生活着雪豹——因其皮毛为昂贵的裘皮制品而惨遭大肆狩猎——还有麝香鹿、岩羊和印度黑羚。花谷国家公园与楠达德维山相连,其草甸和多种当地特有的野花远近闻名,其中包括印度枫、风毛菊等。景观多变的河谷也是一些珍稀动物的居住地,距离不宜人居的喜马拉雅高原不远,在印度神话中也占有一席之地。楠达德维山也是如此,其名称意为"欢乐女神"。

▲ 花谷国家公园中的五彩植物同喜马拉雅的皑皑白雪构成了鲜明的对比。

德里红堡建筑群

▲ 红堡有着宏伟的大门，如城市剪影中最突出的拉合尔大门，还有华丽的瞭望塔以及防御城墙，这些都是昔日莫卧儿帝国强盛的体现。

德里的红色堡垒被当地人称为"红堡"，是莫卧儿帝国大型建筑的扛鼎之作。

于1628年至1658年在位的沙·贾汗是印度莫卧儿帝国第五任统治者，也是一位重要的宫殿建造者。1639年至1648年，他命人在沙贾汗纳巴德（现名"德里"）建造了一座坚固的宫殿。与其毗邻的是年代更为久远的伊斯兰式城堡萨林加尔。两者共同构成了红堡建筑群。这一建筑群得名于其巨大的红砂岩外墙，落日余晖下，红色的外墙熠熠发光。建筑群内部则由宏伟的宫殿、用于觐见和庆典的大厅以及明珠清真寺组成。如今，人们只能从堡垒残留的光辉中去推测它昔日的极度奢华。红堡一共遭遇过两次掠夺：先是在1739年被波斯人侵略，后在1857年被英国军队攻击。

德里的胡马雍墓

胡马雍墓以其高耸的穹顶、波斯风格的拱门，以及对于中轴线的突出强调成为莫卧儿帝国后来无数建筑的典范。同时它也是印度该风格建筑的开山之作。

纳斯尔·乌德-丁·穆罕默德·胡马雍（1508—1556）是印度莫卧儿帝国的第二任统治者，也是帝国创始人巴卑尔大帝的儿子。胡马雍的杰作为莫卧儿帝国的建筑风格指明了方向。然而胡马雍对印度的统治（1530年至1540年，以及1555年至1556年）并不是连续的，这位年轻而富有冒险精神的统治者在波斯流亡了15年。他从那里带回了军队，同时还有建筑师和手工业者，这一点最终被证明是印度建筑艺术的一大幸事——他们为莫卧儿帝国建筑史开创了新的风格，例如，胡马雍墓的穹顶便是对波斯风格淋漓尽致的体现。

除此之外的波斯风格元素还包括将额枋和托架分隔开来的拱门。用白色大理石和红色砂岩塑造的立面也可以追溯到波斯的建筑传统。

▲▼ 胡马雍墓是根据他的妻子哈克·贝克姆的倡议修建的。直到1570年，这位逝世已14年的莫卧儿皇帝才得以安葬在这个陵墓中。

德里的顾特卜塔及其古建筑

▲ 如今的顾特卜塔因为有坍塌风险，已经不允许登塔。

顾特卜塔是印度大地上的第一座伊斯兰教建筑。它直观地呈现了印度教与伊斯兰教建筑形式的融合。

12世纪末，穆斯林在库特布丁·艾伊拜克的带领下占领了印度北部以及拉杰普特人的堡垒拉尔科特，即德里的前身。当他们在这里建造第一座清真寺时，雇佣的是当地的建筑师，其传统风格也在建筑过程中有所体现：这座"库瓦特乌尔伊斯兰"（意为"伊斯兰的力量"）清真寺使用了德里特色的红褐色砂岩，并沿用了印度耆那教圣迹中典型的平面结构来建造柱廊。能体现伊斯兰传统的只有寺内的装饰以及城墙和立面上的书法带。高达72米的顾特卜塔耸立在遗址之上，这座尖塔基座直径大约为15米，顶端直径仅有3米。红砂岩柱体凹槽轮廓鲜明，独具特色——这是印度首次采用这种装饰手法。塔内5层中有3层都被这些凹槽覆盖。最高的2层在14世纪时曾遭遇雷击，受损严重，后来人们用白色的大理石对其进行了重建。

斋浦尔的简塔·曼塔

斋浦尔的"大王"（梵文意为"印度王公"）自1724年起在德里、斋浦尔、马图拉、乌贾音和瓦拉纳希修建了5座天文观测台。"简塔·曼塔"便是这些历史悠久的天文台中的一座。作为同类建筑中规模最大、重要性最高的代表，它被列入《世界遗产名录》。

斋浦尔是印度拉贾斯坦邦的首府，由印度王公萨瓦伊·杰伊·辛格二世在1727年建成，他作为杰出的政治家、学者和艺术倡导者得以载入印度史册。"萨瓦伊"（意为"一又四分之一"）是印度授予杰出人士的荣誉称号，而这位在位44年的王公早在青年时代就获此殊荣。他的兴趣并不局限于尘世的事物，还包括天文，这一点在名为"简塔·曼塔"（意为"神奇的仪器"）的观测台上得以充分体现。这一保存完好的建筑群就位于以该王公命名的斋浦尔市内。杰伊·辛格参照兀鲁伯在撒马尔罕修建的知名的伊斯兰天文台打造了"简塔·曼塔"。这位印度王公不故步自封，与欧洲学者交流密切，非常乐于接受西方的知识。

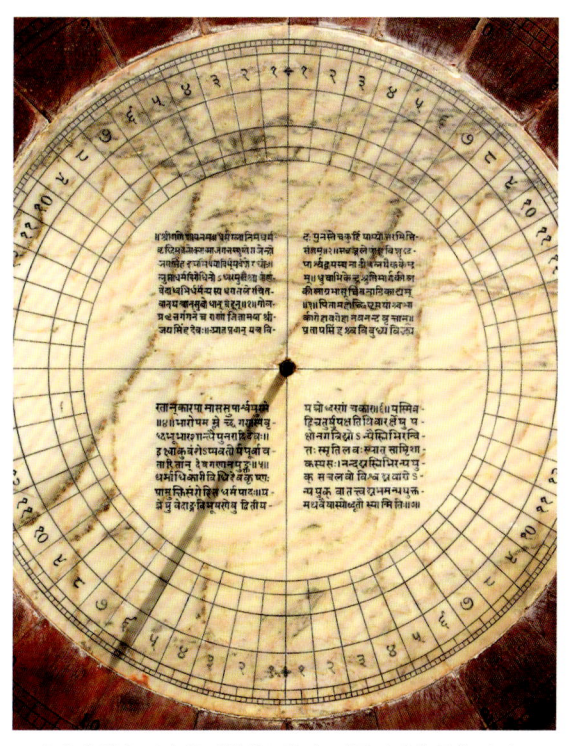

▲ 这位斋浦尔王公的"科学园"主要用于观察星体运动。

凯奥拉德奥国家公园

这一位于拉贾斯坦邦沼泽区的鸟类天堂总在季风后"鸟满为患",除了当地的水鸟,还有一些候鸟会到访这里,甚至有一些稀有种类。

这个国家公园是一片人工开辟的湿地。最初珀勒德布尔王公将这一沼泽洼地作为野猎区使用。他们在这里猎野鸭时总是收获颇丰,经常一天之内便可猎得数千只。为了扩大狩猎的水域,王公在19世纪时下令开凿人工运河并建造大坝。如此一来,这片原本干燥的地区中就形成了一片湿地,很快鸟类便将此地作为最佳的产卵地。如今,该保护区是近120种鸟类的永久居所。这里生存着许多鹭,是世界上鹭数量最多的地方之一。在属于冬季的几个月里,该国家公园中大约栖息着240种候鸟,其中包括珍稀的白鹤(也称雪鹤)和罗纹鸭。西伯利亚鹤是凯奥拉德奥国家公园的特别景观:1976年时仍有100多只西伯利亚鹤来到沼泽地过冬,自1993年起却再也没有发现它们的身影。

▲ 该人工湿地占地仅30平方千米。图为一群彩鹳。

阿格拉红堡

阿格拉红堡位于如今的印度北方邦,由阿克巴在1565年开始修建,后经由他的孙子沙·贾汗扩建成为一座庞大的宫殿。这些建筑清楚地显示了两位统治者不同的审美偏好。

红堡得名于其建造时使用的红砂岩。莫卧儿帝国统治者阿克巴本打算将阿格拉作为帝国首都。但当城墙和大门完工后,他却中断了修建,因为他在法地普尔·希克利(意为"胜利之城")建造了新的都城。10年后,他又再次离开此处身去往拉合尔执政,直到去世前不久才回到阿格拉。他的继任者贾汗吉尔对这座城市并没有很大贡献。1632年到1637年,"世界之王"沙·贾汗定居此地。在他的统治时期,阿格拉才达到其建筑上的顶峰。这位热爱艺术的统治者在阿格拉拆除了许多建筑,取而代之的是用白色大理石建造而成的童话般的宫殿和清真寺——上面还镶嵌了许多半宝石。在沙·贾汗统治时期建造的灵动建筑中,最令人过目难忘的建筑典范当属觐见宫和珍珠清真寺。

▲ 莫卧儿帝国统治者阿克巴的帝国建筑风格同其继任者的建筑风格截然不同,该风格最典型的特征是装饰华丽的拱门。

法地普尔·希克利城

法地普尔·希克利位于如今北方邦阿格拉的西南方。在印度，没有什么地方能比这座都城更能体现纯正的莫卧儿帝国的建筑风格了。

阿克巴的顾问、苏菲派圣人萨利姆·希什蒂住在阿格拉附近。萨利姆预言这位莫卧儿皇帝会获得3个儿子，在这一预言实现之后，阿克巴立誓要在圣人附近建造一座都城。1569年，都城得以奠基。3年后，贾玛清真寺落成，其中包括萨利姆的陵墓。都城的建造耗费了10年以上的时间。随着都城法地普尔·希克利的建立，阿克巴履行了自己的诺言，同时也为后世留下了一座风格纯正的莫卧儿城。这座奢华而梦幻的都城位于丘陵地带，有着奢华的宫殿。绵延6000米的城墙上设有9座大门。建筑几乎全部由红砂岩建成。但在1585年，宫廷却不得不因为缺水而放弃这座城市。

▼ 该建筑群的中心是宫殿（上图）和贾玛清真寺，寺里有苏菲派圣人萨利姆·希什蒂的陵墓（下图），阿克巴正是向他承诺建造法地普尔·希克利城的。

沙·贾汗

他的眼泪汇聚成湖。湖中倒映出世界上最美的陵墓之一泰姬陵的倒影，这座闪闪发光的白色建筑是莫卧儿皇帝沙·贾汗对其 1631 年逝去的妻子穆塔兹·玛哈尔（荣誉头衔，意为"宫廷之翘楚"）永久的悼念。

这位王子于 1592 年出生在拉合尔。1628 年其父去世后，他在阿格拉称帝。他对军事名望不甚在意，一心追求艺术和崇高的享受。不过，这种偏爱也并没有阻止他用武力登上王位。沙·贾汗在前人尤其是祖父阿克巴的成果的基础上，为宫廷带来了前所未有的辉煌。他下令建造的建筑成为印度-伊斯兰建筑艺术的杰出之作，例如，阿格拉堡三穹顶的珍珠清真寺，临时驻地的新宫殿、觐见宫，以及世界闻名的泰姬陵。1668 年，沙·贾汗逝世，葬于所爱之人身侧。他原计划为自己修建一座与泰姬陵相对应的黑色大理石陵墓，却没有实现——早在 1658 年，他的第三子奥朗则布就通过弑兄夺取王位，并且将他软禁在阿格拉堡。

阿格拉的泰姬陵

陵墓位于印度北部的阿格拉，由莫卧儿皇帝沙·贾汗为其 1631 年去世的妻子修建而成，是最美丽的伊斯兰建筑之一。

这座由白色大理石修建而成的世界奇迹得名于此处安葬的沙·贾汗妻子阿姬曼·芭奴·贝克姆的荣誉头衔"穆塔兹·玛哈尔"。在这座建筑中，由胡马雍墓发展出的建筑风格得以圆满呈现：长长的花坛因喷泉景观而充满生机，在花坛末端，方形台基上耸立着结构对称的陵墓。坐圈之上的中央穹顶与圆顶的亭子相伴，外墙则分别面向东南西北 4 个方向。4 座尖塔强调了白色大理石露台的四角。深刻的波斯风格印记可以追溯到首位建筑师伊萨·阿凡迪——为了建造泰姬陵，沙·贾汗特地将他从伊朗设拉子请来。参与建造的还包括乌兹别克斯坦和土耳其之间地区的艺术家和手工艺者，大理石镶嵌细工则是由意大利人完成的。

▲ 泰姬陵建筑设计的关键要素之一是"伊凡"。这是一种带有门状开口的拱形空间结构，可以追溯到波斯萨桑王朝时期。

▶ 在象牙画像上，身着华丽长袍的是沙·贾汗（右侧）和他最爱的妻子穆塔兹·玛哈尔（左侧）。

◀ 纪念他们的衣冠冢位于泰姬陵的主室，他们真正的坟墓则在地下的墓穴中。

▼ 泰姬陵位于亚穆纳河畔，主要建筑包括白色大理石陵墓、花园、清真寺和答辩厅。

孙德尔本斯国家公园

位于恒河、布拉马普特拉河和孟加拉湾梅克纳河三角洲的孙德尔本斯是全世界最大的红树林地区。它一半以上的面积位于孟加拉湾的印度一侧，其余部分在孟加拉国内。这里是濒临灭绝的孟加拉虎的庇护地。为了保护这里独特的动植物种类，人们在印度一侧建立了占地1330平方千米的国家公园。

恒河和布拉马普特拉河的水量异常之大，它们同汇集而成的梅克纳河一起为孙德尔本斯国家公园的自然条件奠定了基础。作为淡水和咸水区的过渡地带，此处湿地丰富的生态系统为众多动物提供了生存空间，如水獭、水蛇、乌龟、圆鼻巨蜥、鳄鱼，以及鹳、鹭、鸬鹚、杓鹬、海鸥和燕鸥等。公园里还生存着大约250只孟加拉虎（或称"印度虎"）。这种大型猫科动物体长可达2.8米（不含尾巴），体重可达280千克。印度王公和英国官员的狩猎爱好，人们对于这种危险的"夜间强盗"生物的本能恐惧，以及生存空间的不断压缩（这一点最重要），都导致孟加拉虎的数量在20世纪急剧下降。

▼ 孟加拉虎在"格斗游戏"中演练如何争夺领地。

马纳斯野生动植物保护区

马纳斯野生动植物保护区位于喜马拉雅山脚下的印度阿萨姆邦，靠近不丹边境，主要因老虎和数量众多的大象而闻名。该保护区得名于汹涌的马纳斯河。

马纳斯野生动植物保护区毗邻不丹的皇家马纳斯国家公园。保护区大约 60% 的面积都是草地，在这里生活着水牛和侏儒野猪——它们在阿萨姆地区已经绝迹。热带稀树草原、森林和河流也为无数的鸟类提供了生存空间。保护区的核心区域在 1928 年被宣布成为禁猎区，在 1992 年因内战严重受损。同年，鉴于保护区内公园及其生态系统严重受损（偷猎也是原因之一），联合国教科文组织将这一世界文化遗产列入了特别濒危名录。在 1992 年左右就有 33 只犀牛被屠杀。这里曾经有大约 2000 头大象，如今幸存的数量不过几十头。重建计划得以实施后，2006 年大象数量再次达到 700 头。高大的孟加拉虎的数量也增加到约 60 只。

▲ 在马纳斯野生动植物保护区，印度象的数量再次显著增长。图为一群正在进食的大象。

不过，稀有的印度犀（或称独角犀）却在马纳斯野生动植物保护区绝迹了。自 2006 年开始，其他公园的印度犀先后迁移到此地。

卡齐兰加国家公园

作为阿萨姆心脏地带最后未被人类染指的地区之一，卡齐兰加国家公园是全球濒危动物印度犀数量最多的保护区。此外，这片占地 430 平方千米的大公园也为其他珍稀动物提供了庇护。

卡齐兰加国家公园受到布拉马普特拉河的强烈影响，在每年 7、8 月份的季风季节，公园有 2/3 的部分长期位于水下。动物不得不迁往地势更高的地区，甚至超出了公园的范围。对印度犀的保护一直是当地动物保护者的重要关注点。早在 19 世纪末，印度犀的数量就已经大幅减少，因此当地不再发放狩猎许可，并在 1908 年将该地区划为禁猎区。1950 年，该地区成为野生动物保护区；1974 年成为国家公园。如今，犀牛的数量大约为 1500 只。为了使邻近的马纳斯野生动植物保护区再次有印度犀的身影，人们将一些印度犀从卡齐兰加国家公园

▲ 印度犀偏爱高高的草丛和树木稀少的开阔沼泽。

迁居过去。公园里生活着无数的大象、水牛和多种鹿科动物，此外还有长臂猿、老虎、野猪，以及孟加拉鸨、斑嘴鹈鹕等稀有鸟类。亚洲黑熊和懒熊也在公园中找到了它们的庇护地。

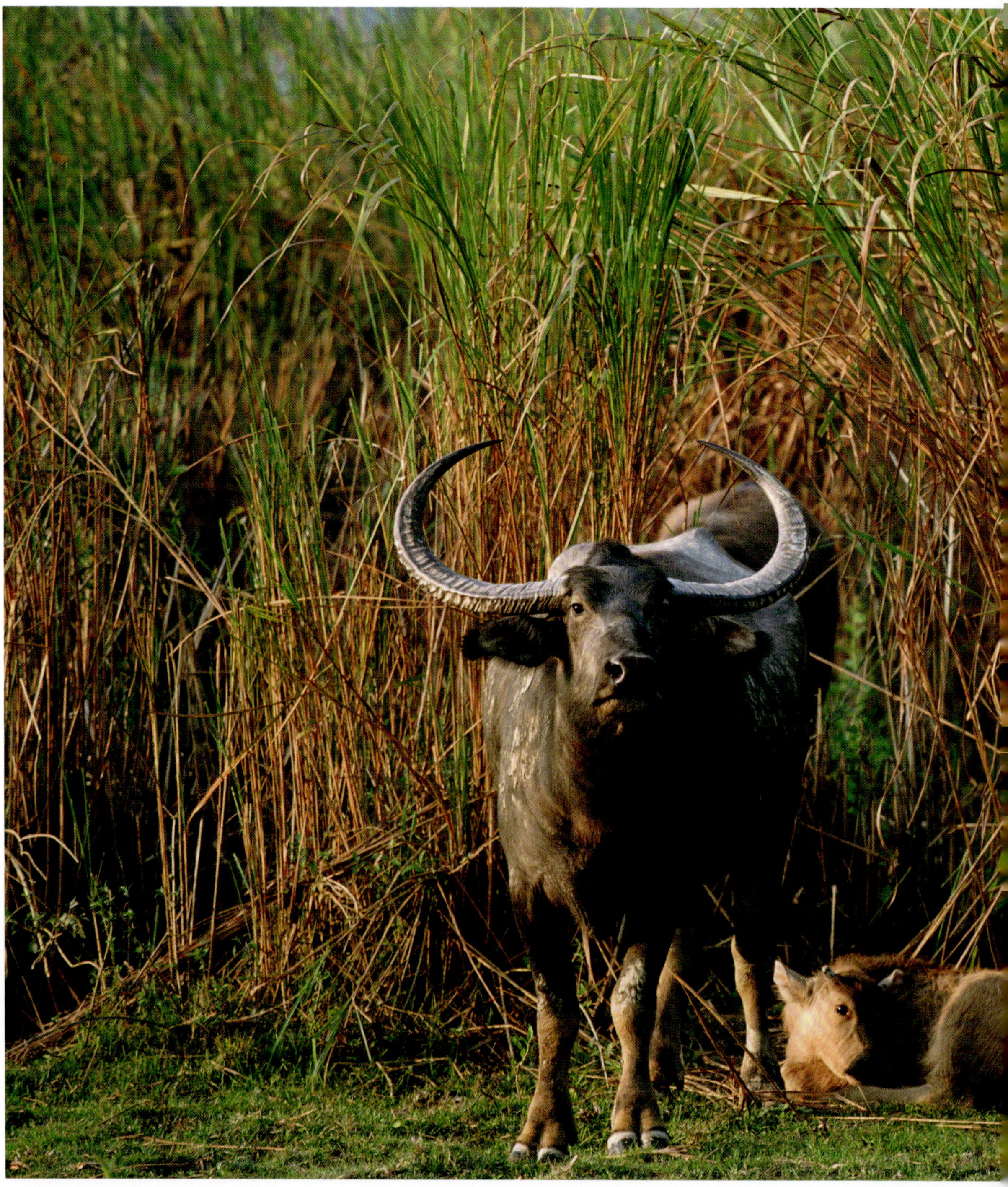

南亚和东南亚　183

印度阿萨姆邦的卡齐兰加国家公园是一片自然天堂：水牛（左图及右上图）、亚洲象（右中图）和印度犀（右下图）在这里找到了理想的生存空间。

菩提伽耶的摩诃菩提寺

摩诃菩提寺位于印度北部的比哈尔邦，距离巴特那大约100千米，与佛陀的生活以及印度次大陆的宗教史密不可分。

印度历史上第一个帝国是阿育王建立的。他皈依了佛教，并且于佛陀在菩提下开悟的地方建立了第一座圣迹。如今高达50米的摩诃菩提寺是在笈多王朝时期建成的。

摩诃菩提寺是印度次大陆最古老的砖砌寺庙之一，成为印度后来许多宗教建筑的典范。栏杆上的石材浮雕和雕塑装饰独具特色，令人难忘。

一开始，摩诃菩提寺是很受欢迎的朝圣地，但随着佛教的地位逐渐被印度教取代，这里也渐渐门可罗雀。最早的修复工作开始于19世纪。

2002年起，对该寺系统科学的修复工作正式拉开帷幕。

▲ 摩诃菩提寺是佛教四大圣地之一。

帕坦的拉尼·基·瓦夫阶梯井（皇后阶梯井）

印度古吉拉特邦帕坦县的阶梯井是宗教建筑的杰作，是皇后乌达雅玛蒂为纪念亡夫而在11世纪下令建造的。

水在印度是神圣的，因而水井常常被赋予寺庙的特征。皇后阶梯井就如同一座嵌入大地内部的寺庙一般。游客经过7层圆柱装饰的回廊，可以向下到达清凉的水池。每个回廊都有许多石头雕成的人像和神像。阶梯井上装饰有超过500个雕像以及许多小型雕塑和浮雕，它们不仅展现了宗教和神话主题，还呈现了日常生活的场景。其中，印度主神毗湿奴是反复出现的主题，他以多种所谓"化身"的肉体形象出现，还有天女在一旁跳舞相伴。阶梯井深达近30米，是神圣的印度水井建筑最宏伟的范例之一。

▲ 同大部分的印度宗教建筑一样，阶梯井也是沿东西方向建成的。极具艺术价值的圆柱和金银细丝工艺的浮雕使其成为一座非凡而令人印象深刻的建筑。

拉贾斯坦邦的高地城堡

这项世界文化遗产包括位于吉多尔格尔、贡珀尔格尔、萨瓦伊·马霍普尔、贾拉瓦尔、斋浦尔和杰伊瑟尔梅尔的 6 座堡垒建筑。城墙内是城市中心、宫殿、贸易市场和寺庙。

　　拉贾斯坦邦,即"拉杰普特人的国度"(拉杰普特的梵文意为"国王之子"),位于印度最西北部,大部分地区是塔尔沙漠。1949 年后,20 多个独立的公国合并成为拉贾斯坦邦。当地侯爵的挥霍无度导致拉贾斯坦邦至今都是印度最贫穷的地方之一。在奢靡享乐的同时,他们还在此处极具魅力的景观中建立了无比美丽的堡垒,其中 6 座最重要的堡垒于 2013 年成为世界遗产:吉多尔格尔的堡垒是印度面积最大的堡垒,有着众多寺庙、塔楼和宫殿;贡珀尔格尔堡长达 36 千米的城墙内坐落着 360 座寺庙;萨瓦伊·马霍普尔小城内有着伦塔波尔堡;贾拉瓦尔的加戈隆堡有三面受到浓密的树林和河岸保护;另外 2 座城堡分别是斋浦尔的琥珀堡以及杰伊瑟尔梅尔堡。

▼ 杰伊瑟尔梅尔堡。

▼ 太阳西沉,城市和堡垒闪耀着红褐色的光芒。图为斋浦尔的琥珀堡。

桑奇佛塔

桑奇佛塔是印度最古老的佛教圣地，位于中央邦的博帕尔市东北部，直到12世纪一直是重要的宗教中心。

桑奇朝圣地藏有一些印度最古老的佛教礼拜建筑。据说是佛教支持者阿育王下令修建这一建筑群的。可以肯定的是，至少有一些建筑是由他资助修建的。

该佛塔建于公元前3世纪中叶，传说它建于佛教创始人佛陀的骸骨之上，周围的宏伟石雕是其艺术技艺的顶峰。圣迹呈半球形，被栅栏环绕，围栏分别以东南西北为朝向。4座巨大的石门为出入提供了便利，于公元前1世纪修建，装饰有华丽的浮雕，十分生动地描绘了佛陀生活中的场景。除了两座较新的佛塔，圣地还保留了一些其他寺庙和寺院的遗迹。

▼ 令人印象深刻的浮雕工艺装点着被称为"陀兰那"的桑奇佛塔石门。其图案主题多为佛陀在世时的场景。

卡杰拉霍寺庙建筑群

这些源自昌德拉王朝鼎盛时期并得以存留至今的约20座神庙极具印度教特色,彰显了建筑与雕塑的成功结合。

位于印度中央邦的卡杰拉霍以其寺庙外墙上的性爱题材而闻名。庙宇可细分为以下几类:位于村落中的是梵天神庙、瓦玛那神庙和迦瓦利寺庙;位于村落东侧的则是耆那寺院,它们属于如今仍然活跃的耆那教礼拜的一部分;拉克什曼、坎达里亚、非胥法纳特及拉古普塔神庙群证明卡杰拉霍在10—11世纪是昌德拉王朝的中心。所有庙宇都遵循着相似的建造原则,即坐东向西。入口大厅通常位于庙宇西侧,与前廊、大厅、门厅和祭神室毗邻。建筑各部分上的塔状屋顶距离祭神室越近就越高。祭神室的屋顶被称为"希诃罗",是卡杰拉霍的特色建筑元素,它象征着神之驻地——梅鲁神山。祭神室内藏匿着面向东方的礼拜像。

▲▼ 目前对于装饰各庙宇的性爱场景的不同解释包括但不限于:它们代表了爱与宗教之间的关联,象征着对立物间的统一或者表达了对邪恶势力的抵抗。

188　一生必去的世界遗产：走进亚洲

1986年，卡杰拉霍寺庙建筑群被联合国教科文组织列为世界文化遗产。拉克什曼神庙拥有4座副坛，全部位于一处高台之上。游人可以通过台阶到达神庙的门廊。

皮姆贝德卡岩洞

位于中央邦温迪亚山脉边缘的遗址包括约 500 个洞穴和岩壁，上面有许多划刻而成的壁画与岩画。这些画作的完成时间跨度较大，最早的源于旧石器时代后期，最晚的大约成形于中世纪。

皮姆贝德卡的岩石艺术使我们得以想象人们几千年前在印度次大陆上生活的场景。这些画大多为红色和白色，但也有其他颜色，这些颜料可能是由泥土、植物、植物之根和动物脂肪等材料制成的。岩画描摹了许多动物的形象，如水牛、老虎、狮子、野猪、大象、马、羚羊和鳄鱼等。画中的人们或载歌载舞，或兵戎相见，其坐骑为马或者大象。岩画上也时常出现宗教符号，以及后来的印度教神像。精心绘制的线条人像表达出了诸如恐惧、喜悦与幸福等不同的感受。

此外，该岩画直至 1958 年才被发现。在皮姆贝德卡附近的巴尔凯拉坐落着南亚最丰富多彩的石器时代遗址之一。出自阿舍利文化的数以千计的石器散落在田间和森林之中。

▲▼ 岩洞中不仅有人类画像，还有很多对大象、马等动物的描摹。

尚庞 - 巴瓦加德考古公园

该考古遗址位于古吉拉特邦,仅有部分得到挖掘和修复。这里不仅出土了青铜时代的史前遗址,还出现了众多印度教建筑和印度-伊斯兰建筑的遗迹。

▲ 带有列柱大厅的迦玛清真寺是考古公园的建筑瑰宝。

　　巴瓦加德山海拔约 800 米,径直高耸于平原之上,是一座设防的高山。遗迹之城尚庞便坐落于巴瓦加德山脚下。

　　这座屹立于山丘之上的印度教寺庙是献给"伟大的黑色母亲"(迦梨女神)的卡力卡玛达寺。它建于 10—11 世纪,是古吉拉特邦最重要的朝圣地之一。每年春天,这里都会举办民间活动。

　　除了早期印度教建筑遗迹,考古公园还包括宫殿、清真寺与其他建筑物,它们都是古吉拉特邦的苏丹穆罕默德·贝加达在 1484 年占领尚庞后下令修建的。这些建筑被视为莫卧儿帝国印度伊斯兰教建筑的杰出典范。

　　1535 年,莫卧儿帝国的胡马雍大帝将尚庞洗劫一空,许多宏伟的建筑就此废弃,原封不动地保留至今。

阿旃陀石窟群

位于印度马哈拉施特拉邦、地处奥兰加巴德以北约100千米处的阿旃陀石窟群源于数个不同的时期，其壁画具有极高的艺术品质。它们曾经长期湮没无闻。1819年，一位英国军官偶然间发现石窟群，它们才又回到人们的视野之中。

这一佛教寺庙石窟群隐匿于河谷之中，河谷陡崖与地面的角度几乎呈90度。石窟群历经了两次阶段性建造工程，佛教僧侣先后在陡崖上开凿出29个洞窟。

第一次建造工程从公元前2世纪持续至公元3世纪，第二次建造工程开展于笈多王朝统治时期。其中8个阿旃陀石窟中保留有壁画，其叙事的丰富性与艺术的呈现方式独具特色。壁画主要讲述了释迦牟尼的生平故事及所谓的"本生"——释迦牟尼早期轮回转生的传说。

出自第一次建造工程的石窟壁画多运用犍陀罗艺术风格，人物多以红色调或棕色调为主，其主要特征为强烈鲜明的外形轮廓，且无一例外地面向壁画故事发展的方向；5世纪建成的石窟庙宇中的人物则生动直观地展现了宫廷生活和日常生活，在面部表达的呈现上尤为写实和逼真。

阿旃陀石窟群的壁画经常包含性爱主题。

▲ 1号石窟中的壁画呈现了莲花手菩萨帕德玛帕尼的形象，他在大乘佛教中象征慈悲，是最伟大的菩萨之一。

▶ 洞窟内部富丽堂皇：柱廊中立有大型石碑，大厅中也不乏精美雕塑。其华丽程度不亚于地上的神庙，令人不禁啧啧称奇。

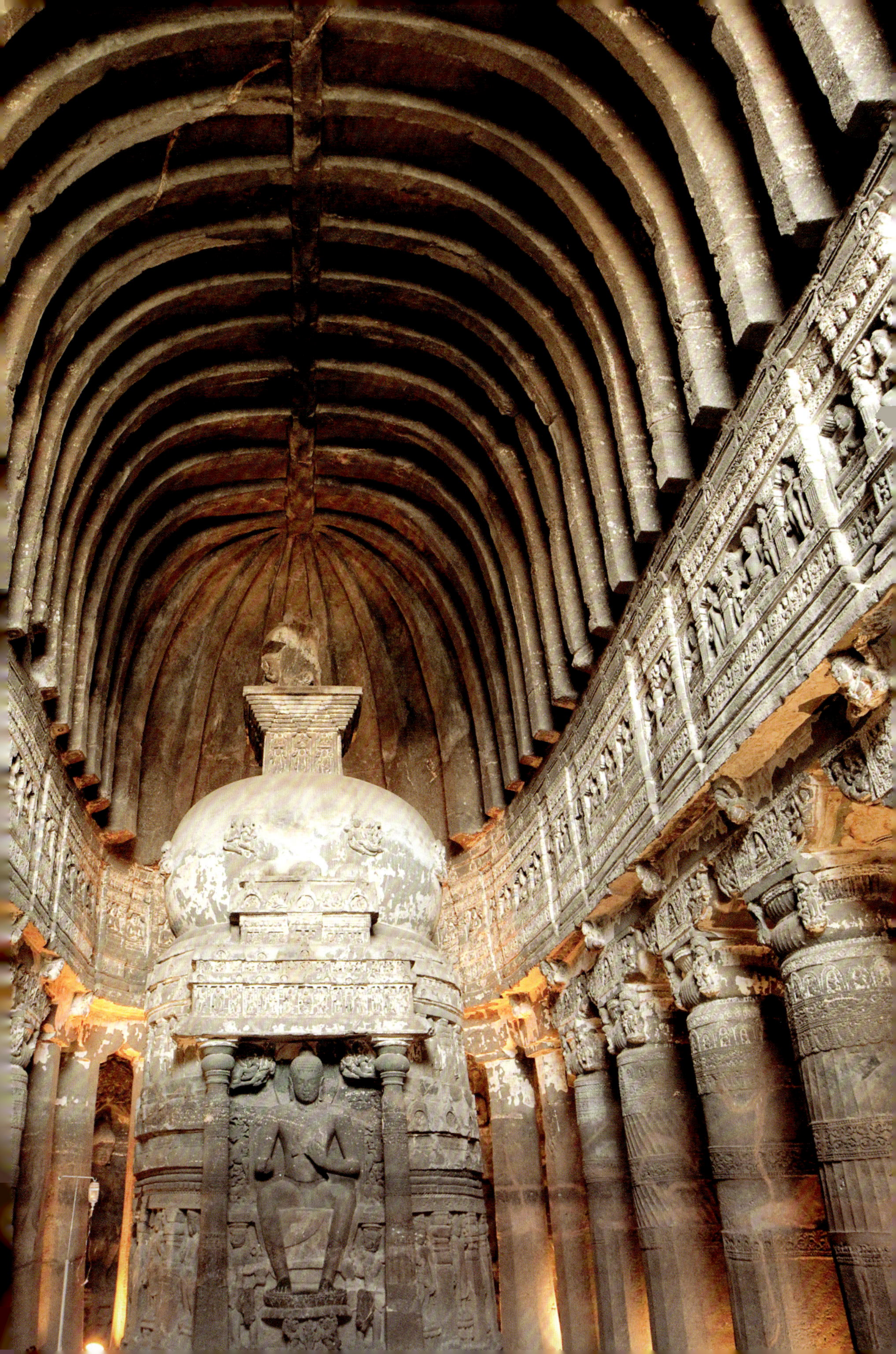

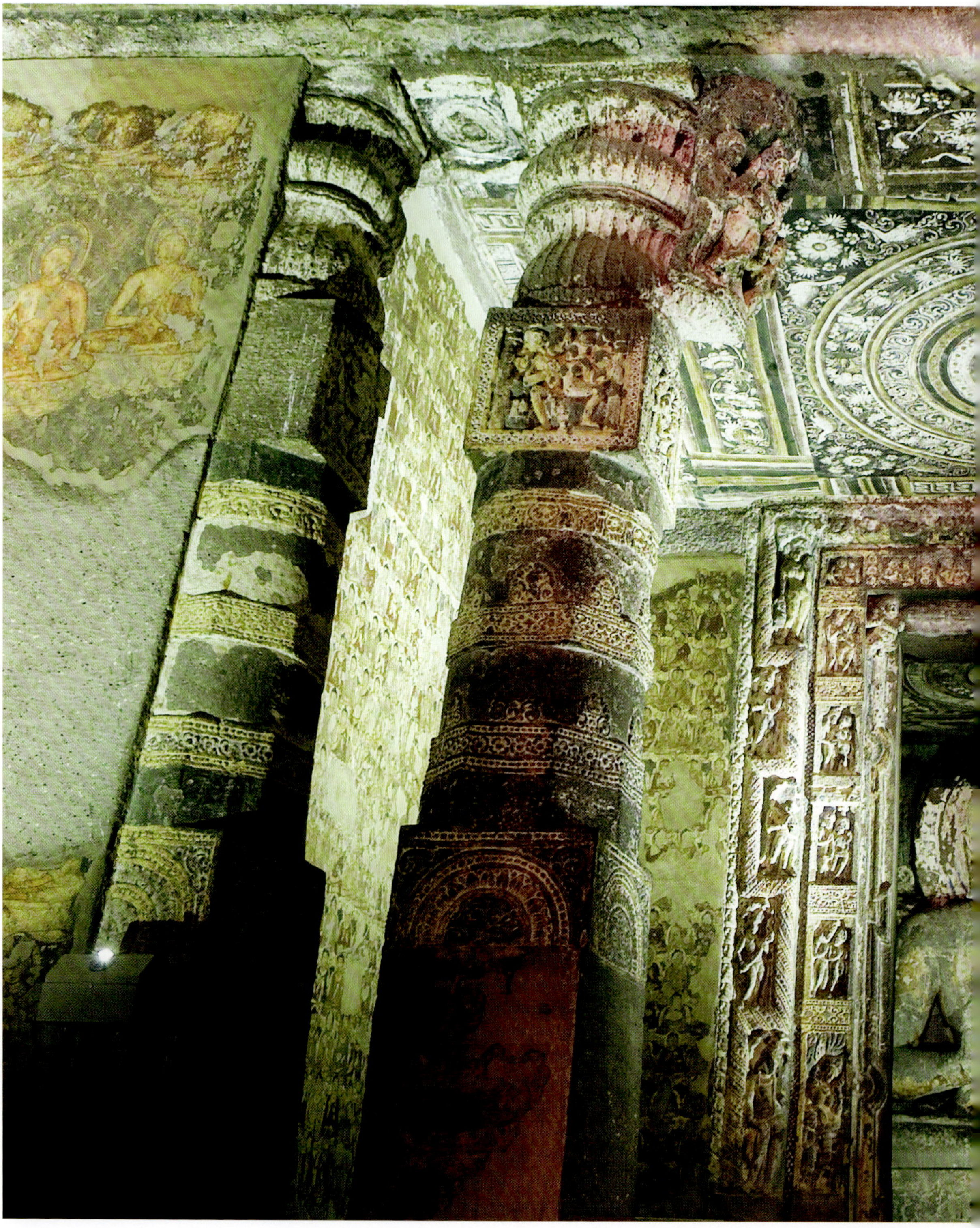

阿旃陀石窟群的内部景象令人印象深刻，尤其是安放着纪念碑的柱廊以及带有壁龛塑像的大厅，华美程度丝毫不亚于平地上的庙宇。这里供奉着大乘佛教的佛祖雕像，墙壁上则装饰着绘于公元前 7 世纪至公元前 2 世纪的壁画。

埃洛拉石窟群

在奥兰加巴德西北方向 30 千米处的埃洛拉附近，人们在天然的岩石上开凿了 34 座寺庙和寺院建筑，其雕塑装饰繁复丰裕，世界闻名。

从地质学的角度来看，马哈拉施特拉高原及其被深深凿入玄武岩的峡谷尤为适合建造整体的岩石庙宇。所有埃洛拉圣迹的共同点是它们并非建于岩石之上，而是从岩石中雕凿而成，主要的承重全部依靠天然岩石本身得以实现。石窟群的大多数建筑装饰及许多雕塑也都利用了这个原理。

在超过 2000 米的陡壁上开凿的寺庙和寺院中，有 17 座印度教寺庙、12 座佛教寺庙和 5 座耆那教寺庙。所有寺庙都遵循了相似的构造原理，由入口大厅、前庭、正殿和祭神室组成。祭神室内含神像，因此其屋顶高耸，象征着世界神山——梅鲁神山。凯拉萨神庙是埃洛拉最大的石窟圣迹，代表印度岩凿石庙的巅峰之作：它看起来不像是洞窟，而是一座真正的庙宇，其祭神室的屋顶象征了湿婆神的所在地——凯拉萨神山。

▼ 30 米高的凯拉萨神庙是在整块岩石上雕刻而成的。

孟买的贾特拉帕蒂·希瓦吉火车站

位于孟买的贾特拉帕蒂·希瓦吉火车站也曾被称为维多利亚火车站,在此地,西方与印度的传统和风格相互交融。

英国人建造的最大的火车站并不在英国,而是在印度孟买。在 1887 年的落成典礼上,该车站被称为维多利亚火车站。1996 年,它被冠以贾特拉帕蒂·希瓦吉之名——希瓦吉是一位马拉塔统帅,曾反抗莫卧儿帝国的外族统治,为印度教徒的民族认同而战。该建筑由英国建筑师弗雷德里克·威廉·史蒂文斯设计,以哥特式复兴风格为主调,参照了伦敦的圣潘克拉斯火车站的范例。贾特拉帕蒂·希瓦吉火车站的修建始于 1878 年,其圆顶、塔楼、车站、圆柱、尖塔和尖拱门无不展现出多重印度宫殿建筑的元素。在英国人的指挥下,许多印度工匠与艺术家参与了修建工作,他们将丰富的建筑传统带入火车站的设计之中。该火车站成了孟买的象征,并且为这座城市的"哥特式城市"形象添砖加瓦。

▲ 火车站史无前例地将英国哥特式复兴风格元素与印度宫殿建筑的建筑传统合二为一。

象岛石窟

供奉印度教湿婆神的象岛石窟坐落于孟买湾的一座岛屿上。其石雕刻画了湿婆神的不同外表形态,远近闻名。

该岛最初被称为"加拉普利",意为"石窟之城"。16 世纪时,葡萄牙人将岛屿更名为"埃勒凡塔"("象岛"),因他们在该岛海港发现了石雕大象——如今人们仍可以在孟买的维多利亚花园参观此象。源自 7 世纪的石窟雕像是早期印度教艺术的顶峰,规模最为雄伟壮观的是主石窟中 6 米高的湿婆神半身像,它展示了戴有华丽头饰的湿婆神的三面像。湿婆与梵天、毗湿奴并称印度教众神中的三大主神,其中湿婆被尊崇为创造之神、维持之神与毁灭之神。他的标志是象征着男性生殖器的林伽。林伽则经常被描绘为舞蹈之神,或伴随半神半恶魔般的众生一起出现。这些群像在象岛石窟中非常常见。

▲ 在象岛石窟中,印度教主神湿婆以三面像的形象示人:正面代表创造者,左面代表毁灭者,右面代表维持者。

果阿教堂和修道院

位于印度洋边的果阿曾是葡萄牙殖民地,是殖民时期天主教堂在南亚的重要基地,也是殖民地文艺复兴和巴洛克式建筑的重要中心。

果阿于 1510 年落入葡萄牙人之手,在阿方索·德·阿尔布克尔克(1453—1515)的统治下迅速扩张为印度最重要的贸易据点。果阿旧城位于曼多维河岸内陆方向 10 千米处。18 世纪上半叶,疟疾在果阿肆意横行,大多数居民离开后在曼多维河口建立了帕纳吉市。但果阿旧城仍为首都,教堂和修道院也没有被遗弃,因此,时至今日它们仍然闪耀着旧时的光辉。果阿的天主教堂是当时亚洲最大的教堂,建于 1562 年左右,圣弗朗西斯科教堂建于 1661 年左右。早在 1605 年,最重要的传教场所——仁慈耶稣大教堂落成。圣方济各·沙勿略(1506—1552)的墓葬也在该教堂中——许多天主教徒将他视为果阿的守护神。

这位耶稣会士将基督教传到了印度和日本。他的陵墓是托斯卡纳大公科西莫三世给他的礼物。

▲ 源自 17 世纪的圣弗朗西斯科教堂是果阿最重要的宗教建筑之一。

帕塔达卡尔寺庙建筑群

帕塔达卡尔在 7—8 世纪是遮娄其王朝统治者的行宫所在地,当地建筑融合了南印度和北印度不同的建筑风格。

帕塔达卡尔位于今天印度的卡纳塔克邦。6 世纪中叶,遮娄其王朝崛起并一跃成为一方强大势力。统治者的宽容和帕塔达卡尔本身地理位置的特殊性使得帕塔达卡尔及其现存的 50 余座寺庙成了不同建筑风格的大熔炉:小喀什纳特寺是北印度风格的代表,主要特征为希诃罗塔与祭神室的建筑统一,在其前方有一个入口大厅,人们只能在建筑外拜谒祭神室中的主神像;南印度建筑风格在 7 世纪深受帕拉瓦王朝统治者推崇,主要特征为祭神室的四周建有走廊,内设礼拜室的神殿室与宽敞的门厅几乎互通。该风格的最佳范本是维鲁巴克沙寺庙。这座供奉湿婆神的寺庙是帕塔达卡尔寺庙建筑群中最大的寺庙,装饰有繁复的石雕。

▲ 桑迦梅斯瓦拉神庙源自 8 世纪,庙中供奉着湿婆神,其帕拉瓦式屋顶结构非常惹人注目。

汉皮寺庙建筑群

维查耶纳伽尔王朝是中世纪时期位于印度南部的印度教帝国，其同名的首都维查耶纳伽尔位于卡纳塔克邦的一个小镇汉皮附近。汉皮古迹群中保存着昔日王朝的遗迹。该遗址中的建筑装饰华丽，是南印度德拉维达建筑风格的典范。

维查耶纳伽尔是印度最后一个印度教帝国。曾经的首都——如今的汉皮遗址仿佛一座宏伟的南印度建筑艺术露天博物馆。遗址外围被城墙环绕，德拉维达王子的宫殿庙宇隐匿其中。维塔拉神庙始建于 16 世纪上半叶，但至今仍未完工，除了其庙柱前伫立着众多雕塑，还有一座高达 8 米、由一整个巨大的石块切割而成的庙宇马车。维鲁巴克沙寺庙最吸引人们注意的除了繁复华丽的人物装饰，还有一座 50 多米高的塔门（瞿布罗）。这座庙宇供奉的是湿婆神，早在 9 世纪这里就有圣迹降临的记录。寺庙多集中于城市北部，宫

▲ 风景如画的寺庙建筑群是受人欢迎的郊游胜地。

殿建筑则集中在城市南部。印度教王子曾下令在这里的宫殿墙面上装饰展现伟大史诗中的场景的浮雕。

印度西高止地区

印度西南部狭长的西高止山脉是地球上生物多样性最丰富的 8 个地区之一。尽管山脉平均海拔只有 900 米，但毋庸置疑的是，它是季风的天然屏障。

约 1600 千米长的西高止山脉与印度西海岸平行延伸。在 6 月至 9 月季风来临的时候，西高止地区有强降水，每年可达 6000 毫米。因此在季风迎风的一侧落叶林与常绿林枝繁叶茂，欣欣向荣。由于人为破坏，原始森林仅有 1/5 的部分得以存留。生物地理学家将西高止地区划分为 4 个较大的生态区：无论是干燥的西高止北部地区，还是极度潮湿的山脉南端，海拔较低处的落叶林都逐渐为山地雨林所取代。该地区物种尤为丰富，开花植物就有 4000—5000 种，其中有 30% 为当地特有，比如光是凤仙花的种属（凤仙花属）就有 86 种，其中有 76 种仅在西高止地区出现。被列为世界自然遗产的

▲ 位于西高止地区的艾拉维库拉姆国家公园是山羊类偶蹄目动物尼尔吉里塔尔羊的家园。

是 7 个较大的区域，其中大部分与现有的国家公园、野生动物保护区和森林保护区相对应。

200 一生必去的世界遗产：走进亚洲

狮尾猕猴是一种仅生活在印度西南部西高止地区的灵长类动物，属于最稀有、最濒危的猕猴种类。据估计，目前在印度西南部仅存约2500只狮尾猕猴。它们是一种十分怕生的动物。

科纳拉克太阳神神庙

供奉太阳神苏利耶的科纳拉克太阳神神庙是古印度最重要的婆罗门教圣迹之一。神庙中的雕像反映了当时的石刻工艺水平，其精湛程度令人叹为观止。

早在吠陀时期，太阳神苏利耶就与火神阿耆尼、雷神因陀罗构成了一种三位一体的概念。作为生命的赐予者，这些神灵一直备受印度教徒尊崇。科纳拉克位于孟加拉湾的奥里萨邦。科纳拉克太阳神神庙最初拥有一座70米高的呈金字塔状向上攀升的希诃罗，它与位于其下方的祭神室共同打造出太阳神每日在空中驾驶战车的形象。底壁上有12对巨大的车轮，这些巨轮被认为是太阳的象征：一种说法是圆形的车轮描摹的是太阳的形状；另一种说法则是巨轮的对数与一年中的月份数量相呼应。寺庙的墙壁上被装饰以人物形象，高底座和车轮的表面则完全被细节丰富的浮雕和石雕覆盖，这些雕刻一直延伸至轮辐的分支。这座太阳神神庙源自13世纪。出于某种未知原因，该神庙尚在修建期间，抑或竣工不久便被废弃。

▲ 气势恢宏、装饰精美的巨型车轮是太阳神神庙的标志之一。

马哈巴利普拉姆寺庙建筑群

马哈巴利普拉姆城位于钦奈（亦称为"马德拉斯"）以南约50千米处，坐拥数个德拉维达建筑的杰出代表，是印度南部最雄伟的考古遗址之一。

帕拉瓦王朝名王那罗僧诃跋摩一世即位不久就兴兵为父复仇。当他征服了周边城市，领略了遮娄其王朝动人心魄的建筑艺术后，便下令在他的城市马哈巴利普拉姆大兴土木，装点门面。德拉维达建筑中一些最美丽的建筑作品由此诞生，并成为印度次大陆南部建筑风格的典范。为了探索各种礼拜堂建筑的可能性，那罗僧诃跋摩一世下令修建了五战车神庙：它并非真正意义上的寺庙，而是在天然岩石上雕刻而成的巨型雕像。其中第五座战车成为许多德拉维达寺庙的原型；后来那罗僧诃跋摩一世的继任者也以马哈巴利普拉姆的五战车神庙为模本建造了海滨庙宇群。

▲ 五战车在其修建方式、形状和装饰上各不相同。实际上，它们从未被用作寺庙，可能仅充当过建筑原型。

印度山区铁路

印度的窄轨山区铁路已经奇迹般地运行了多年,是环山铁路的经典之作。其中 3 条山区铁路先后被宣布成为世界遗产,它们分别是大吉岭 - 喜马拉雅铁路、尼尔吉里山区铁路和卡尔卡 - 西姆拉铁路。

位于西孟加拉邦的大吉岭 - 喜马拉雅铁路将从加尔各答到大吉岭的旅行时间从 6 天缩短至不到 24 小时。这是印度第一条完全由印度出资建造的铁路,建造时间为 1879 年至 1881 年,由英国吉兰德斯·阿布斯诺特公司承建。令人印象深刻的是,该铁路在甘姆镇路段海拔达 2175 米。

尼尔吉里山区铁路位于泰米尔纳德邦尼尔吉里地区。铁路全长 46 千米,在梅图帕拉耶姆到乌达加曼达兰的路段海拔攀升近 2000 米。因为地理位置偏僻,蓝山的土著托达斯人长期过着几乎与世隔绝的生活,直到 19 世纪英国人对该地区产生兴趣并建造了这条覆盖卡拉尔和乔奥诺奥尔之间近

▲ 搭乘火车途经尼尔吉里山区的旅客可以放松地享受这段旅程。

20 千米长、1330 米高的铁路。卡尔卡 - 西姆拉铁路建于 1903 年,长度为 100 千米。它将海拔 625 米的卡尔卡与海拔超 2000 米、有"英属印度的夏都"之称的西姆拉这两座海拔差距极大的城市通过铁路相连。

朱罗王朝现存的神庙

这项世界遗产包括朱罗王朝的 3 座装饰富丽华贵的神庙,它们分别位于坦贾武尔、康凯康达秋里斯瓦拉姆和达拉苏拉姆。

朱罗王朝曾于 9 世纪至 12 世纪统治印度南部。坦贾武尔位于钦奈(马德拉斯)以南约 350 千米处,是朱罗王朝 907 年至 11 世纪初的行宫城市,其风格为南印度风格,蓝本是帕拉瓦王朝的马哈巴利普拉姆。坦贾武尔的布里哈迪斯瓦拉神庙奉朱罗国王罗阇罗阇一世之命修建,于 1010 年完工,被视为这一时代最雄伟壮观的建筑成就之一。祭神室上方的寺塔(希诃罗)是一座 13 层的花岗岩阶梯金字塔,冠有大型拱顶石,高度超过 60 米。这座塔曾拥有镀金的铜制屋顶。从众多的阳具符号、湿婆神形象和对公牛南迪的描绘中可以看出,该建筑供奉的是创造、维持与毁灭之神——湿婆。

▲ 气势磅礴、栩栩如生的石雕像仿佛正在欢迎前来坦贾武尔的布里哈迪斯瓦拉神庙的游客。

📍 尼泊尔
奇特旺皇家国家公园

奇特旺皇家国家公园位于尼泊尔最南端,坐拥婆罗双树森林和广阔的大象草场,是尼泊尔最古老的国家公园。这里生活着印度犀和许多其他濒危动物。

奇特旺皇家国家公园的建立归功于国王马亨德拉,他在1962年为印度犀濒危种建立了自然保护区。11年后的1973年,该保护区被宣布成为国家公园。如今,约有400头印度犀、200只豹子和80只老虎生活在此处。这3种动物均受到保护。在这一国家公园经常出现的野生动物还有水鹿、印度梅花鹿、四角羚、野猪、印度懒熊、野牛和恒河猴。树冠上常常住满了亚洲叶猴。黄昏时分,猫鼬和蜜獾开始寻觅伏击猎物。在夜晚,人们可以听见亚洲胡狼的嚎叫。沼泽鳄鱼和恒河鳄在公园河流中打着瞌睡。尽管恒河鳄身长可达约6米,对人类却不会构成任何威胁。在开阔地带,人们还会遇到孟加拉巨蜥。除此之外,奇特旺皇家国家公园还是400多种鸟类的天堂。

▼ 国家公园的建立对保护珍稀动物印度犀做出了巨大贡献。

萨加玛塔国家公园

在著名的徒步旅行地区——珠穆朗玛峰山脚地区，人们可以发现喜马拉雅东部迷人的高山动植物群。

随着徒步的出现，喜马拉雅山上也随之产生新问题。为了保持尼泊尔，尤其是8848多米高的珠穆朗玛峰山脚地区的生态平衡，人们于1976年将该地区确立为国家公园。尼泊尔人将地球上最高的山峰称为"萨加玛塔"，即"天空之王"。中国人将巨峰称为"珠穆朗玛"，意为"大地之母"。该地区有3座海拔8000米以上的高峰——珠穆朗玛峰、洛子峰和卓奥友峰，除此之外还有数座海拔超过7000米和6000米的高峰，是地球上海拔最高的山区。这里的雄伟壮阔不仅仅缘于山的高度：毗邻珠穆朗玛峰、海拔7800多米的努子峰最让人有窒息感的并非它魁伟的高度，反而是它的南麓。30多千米长的果宗巴冰川是尼泊尔最长的冰川。这些巨峰的南麓仅在夏季短时间内没有积雪，正因为如此，这里植物的多样性极高。还有大约至少30种哺乳动物在此国家公园聚居——当然，雪人是肯定没有的。

▲▼ 珠穆朗玛峰是印度次大陆与欧亚大陆发生撞击时形成的。

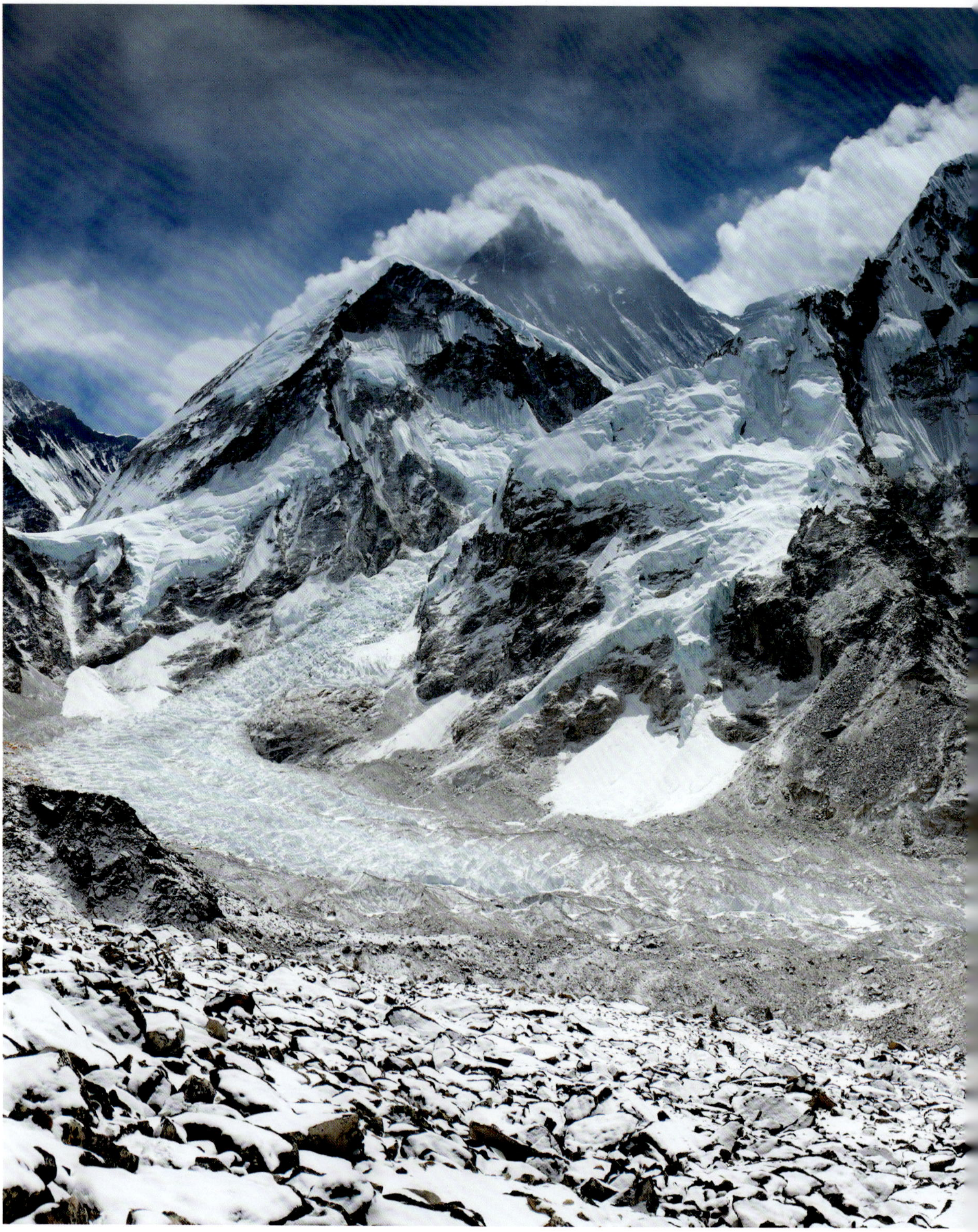

"喜马拉雅"在古印度梵语中的意思是"雪域"。对地球上最宏伟的山脉这一身份而言,这个名字显得相当朴素。喜马拉雅山脉深深影响着亚洲的地理景观,决定着这片大陆的气候,使丛林繁茂葳蕤,它的冰雪融水又哺育了数条大河。

加德满都谷地

尼泊尔王国首都加德满都及其周边地区是中世纪喜马拉雅艺术文化的宝库，也是宗教文化浓厚之地。

▲ 博德纳特佛塔。

加德满都谷地的居民早在723年便建立起他们的第一个首都，从那时起，他们便开始将他们的宗教信仰记录在他们各式各样的建筑中。斯瓦杨布纳特寺是佛教徒心目中的圣地，它最古老的宝塔诞生于公元前4世纪。帕斯帕提那寺是最重要的印度教寺庙，其起源可追溯至5世纪。在这里，湿婆被尊崇为"众生之主"（"帕斯帕提那"）。谷地中现存最古老的世俗建筑源自17世纪，分布于加德满都、帕坦及巴克塔普尔三地：这3座城市均地处通向中国西藏的古老贸易路线上，十分富裕，在历史上一直是多个小国的首都。随着时间的推移，这3座城市逐渐发展融合为一个大都市。在2015年4月与5月的大地震中，加德满都谷地的世界遗产遗址遭到损毁。

▼ 位于加德满都老城市中心的杜巴广场被众多宫殿和寺庙环绕。它们中的大多数建筑在2015年4月与5月的大地震中被摧毁。

蓝毗尼——释迦牟尼诞生地

传说在公元前565年,王后摩耶夫人在蓝毗尼的一片小树林中诞下了佛教的创始人——乔达摩·悉达多,即释迦牟尼。此地的寺庙便是为了纪念她而建的。

传说王后摩耶夫人在一次睡梦中梦见一头白象从右肋处进入了她的身体。当分娩之日临近时,她动身前往父母家,并在半路上于蓝毗尼附近的一片小树林中将婴儿从右肋间分娩出来。婴儿出生后立刻向东南西北方向各走了7步,每走一步就绽放出一朵莲花。摩诃摩耶寺庙中有对释迦牟尼出生时场景的刻画。重要的佛教弘扬者——印度国王阿育王下令在此设立石碑:这在一定程度证明了王子乔达摩·悉达多的出生地蓝毗尼小树林从很早开始便成为重要的朝圣地(1978年成为官方朝圣地),远早于已知的相关文字记载。

▼ 一块石头浮雕刻画了历史上佛陀的诞生场景。寺庙内部装饰精美。

孟加拉国

孙德尔本斯国家公园

位于恒河、布拉马普特拉河和孟加拉湾梅克纳河三角洲的红树林地区是许多珍稀动物的栖息地。孟加拉国的自然保护区与印度的自然保护区相辅相成,构成了独特的生态系统。

水量丰富的恒河、布拉马普特拉河,以及它们的分流梅克纳河孕育了世界上最大的红树林。许多种动物生活在咸淡水区的过渡地带。孟加拉国的孙德尔本斯是一片阻断潮水的岸地,总面积为1万多平方千米。孟加拉国的保护区核心与印度的世界遗产所在地紧密相连,占地约1400平方千米。孙德尔本斯保护内陆地区免受日益频繁的热带风暴的影响。尽管如此,红树林的生存依然面临威胁。气候变化、海平面上升、淡水地区盐碱化加剧、石油泄漏、偷猎和非法采伐等问题时刻威胁着这一宝贵的生态系统。

▲ 在卫星图中,红树林是深绿色区域,来自支流的泥沙仿佛给孟加拉湾披上了浅色的面纱。

巴凯尔哈特清真寺历史名城

这座历史悠久的清真寺城市中的丰富建筑是中世纪时期曾经独立的孟加拉苏丹国昔日权势的见证。

1200年前后,穆斯林占领孟加拉地区,从1576年起归属莫卧儿帝国。这座曾经名为"卡理法塔巴德"的城市位于如今的孟加拉国南部,是在15世纪苏丹纳西鲁丁·马哈茂德·沙阿(1442年至1459年在位)统治时期由乌鲁格·汗·贾汉将军建立的。在短短的几年时间里,汗·贾汉命人修建了许多清真寺、陵墓、宫殿和行政建筑,铺设了道路,架设了桥梁,将这座位于孙德尔本斯广阔红树林边缘的城市与孟加拉苏丹国的重要城市连接起来。在现存的50多座建筑中,最重要的建筑是具有纪念意义的汗特昆巴多清真寺、比比贝格尼清真寺、丘纳霍拉清真寺和汗·贾汉的陵墓,这些建筑都是15世纪中期建造的,其中大部分是砖砌结构。汗·贾汉被尊为圣人,他的陵墓是穆斯林朝圣地。

▲ 汗·贾汉所建的汗特昆巴多清真寺由77个圆顶组成,是孟加拉国最大、最古老的清真寺之一。

帕哈尔普尔的佛教毗诃罗遗址

这座一度在南亚地区很有影响力的寺庙建筑的砖墙遗址是孟加拉中世纪最重要的文化遗迹之一。它是印度次大陆最大的佛教寺院建筑群。

▲ 帕哈尔普尔寺院建筑群是佛教徒、印度教徒和耆那教徒重要的宗教和精神中心。

　　信奉大乘佛教的"大寺院"索马普拉·马哈维哈拉在帕拉王朝时期对孟加拉以外的地区来说也是重要的宗教中心,其影响力范围一直延伸至柬埔寨,而且不仅限于信仰方面。这座寺庙城市的建筑布局很快便成为东南亚佛教寺院建筑风格的指南。庞大的寺院建筑群建于 8 世纪到 9 世纪,位于一座可以经由多级台阶到达的平台之上,由信仰佛教的帕拉王朝的第二位统治者达摩波罗委托建成。寺庙的 177 间僧舍围绕着中央佛塔。大约 300 年后,帕拉王朝的对手印度塞纳王朝掌权,寺院的重要性不断下降,最终在 12 世纪被人遗忘。直到 19 世纪时,该寺院建筑群和 60 座石雕才被重新发现。

斯里兰卡
锡吉里亚古城

斯里兰卡孔雀王朝的国王们将王宫和帝都建立在狮子岩之上。该建筑群位于斯里兰卡岛的中心位置，于5世纪末竣工，是斯里兰卡早期艺术和技术水平的不朽见证。

▲ 通往岛上堡垒的通道的墙壁上曾经装饰着无数优雅的女子的画像，其中"天女"埃普萨拉踏云出现，撒花迎接国王。

▼ 城堡式的王宫位于一座高约200米的火山上，该火山深受风化作用和侵蚀作用的影响。如果需要到达山顶，则需要沿路翻越石壁，登上狭窄的岩梯。

约200米高的锡吉里亚山峰（"狮子岩"）从郁郁葱葱的热带植被中垂直耸起，其上有一座堡垒，它不仅是防御工事，也是皇家宫殿。到达宫殿需要经过一段陡坡，道路两旁刻有部分保存得非常完好的壁画。画中的天女形象优雅、妆容现代，周身穿戴的首饰极其奢华。通往山顶的道路曾经以狮子门为起点，如今只有石狮子的脚掌留存下来。城堡也仅有断壁残垣尚存。城堡建筑群主要是达图塞纳国王在5世纪规划的，残存的大厅、浴场、桥梁、花园和喷泉的遗迹很容易辨认。达图塞纳国王的长子迦叶波一世并非嫡出，却觊觎王位，最终弑父自立为王，其同父异母的兄弟目犍连侥幸逃亡至印度。因内心无比惶恐，迦叶波一世将都城从阿努拉德普勒迁至锡吉里亚。18年后，目犍连率兵攻打锡吉里亚。决战中迦叶波一世不幸迷路，命丧沼泽地。

阿努拉德普勒圣城

阿努拉德普勒是斯里兰卡最早的首都。当地佛教古迹包括气势磅礴的佛塔、佛像。值得一提的是,圣城最著名的景点是一棵菩提树。

▲ 鲁梵伐利塔的塔身中央呈半球形,高 103 米。

阿努拉德普勒的建立与这棵圣树有关。据说公元前 244 年,阿育王的长女,即佛教比丘尼僧伽蜜多来到斯里兰卡弘扬佛教时带来的菩提树枝,正是当初佛陀释迦牟尼在菩提树下静坐 7 天 7 夜成道的那棵菩提树的枝干。如今,树龄 2200 多年的圣树是世界上已知的最古老的大菩提树,是城市的精神和地理中心,也是倍受欢迎的佛教朝圣地。

伊苏鲁姆尼亚石庙创立于公元前 3 世纪,它的建立据传说与菩提树息息相关。石庙的建立者原为世俗之人,出于对神树的敬畏成为僧人。斯里兰卡岛上最美丽的浮雕之一也坐落于此。

气势恢宏的鲁梵伐利塔(意为"大塔")建于公元前 2 世纪。同样可以追溯到公元前 2 世纪的还有阿巴耶祇利寺。源于 4 世纪的祇陀林佛塔高度近 130 米,一度是世界上最大的佛塔。禅定姿势的三摩地佛像也是同一时期的作品。

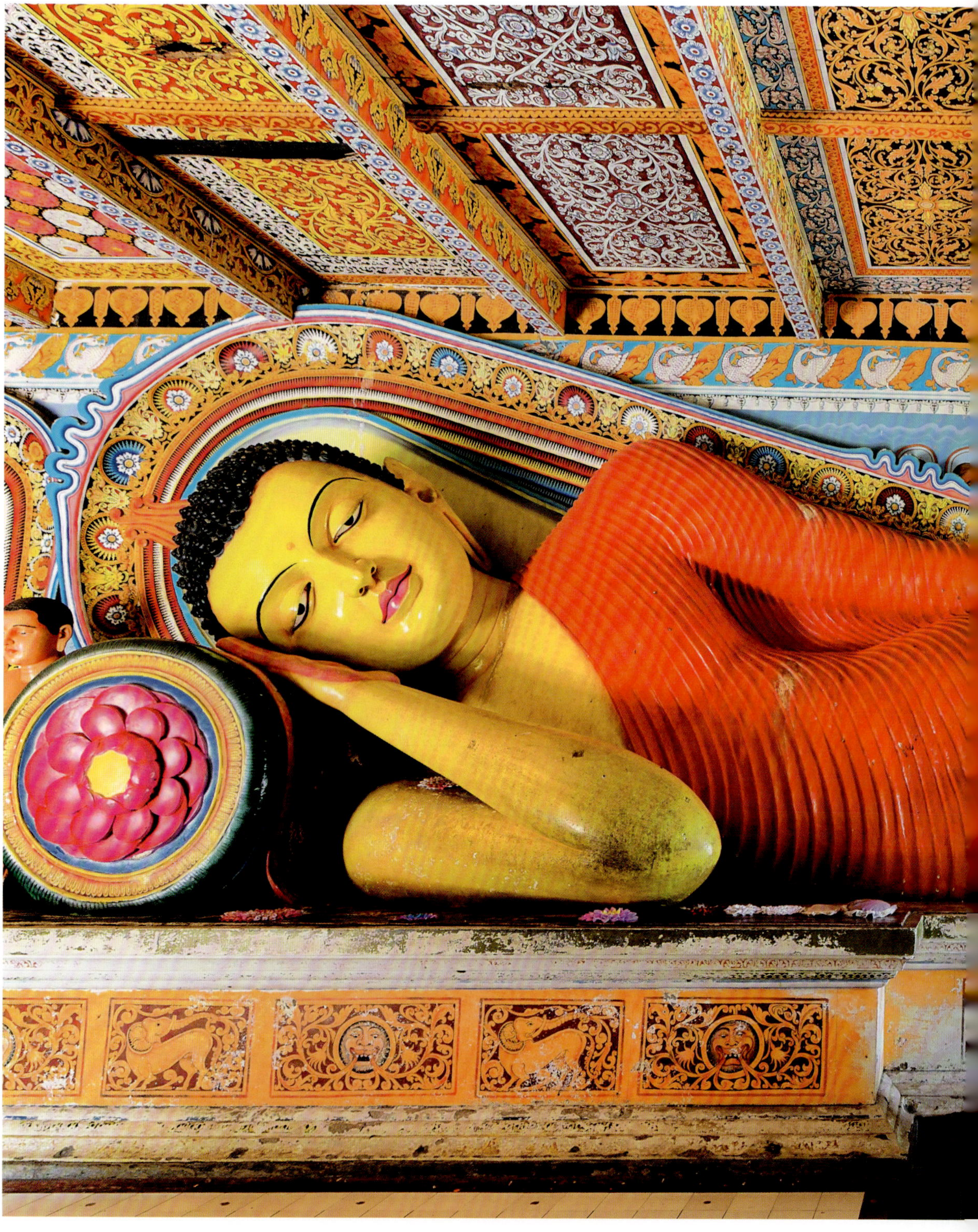

伊苏鲁姆尼亚石庙是斯里兰卡现存最古老的历史遗迹之一，寺院依岩石而建，图中这尊卧佛位于寺院的西壁。整间寺院布满绚丽的彩绘。

丹布勒金寺

丹布勒位于斯里兰卡岛中部。丹布勒金寺中有 5 座单独的石窟洞穴寺庙，寺庙中藏有无数的雕像和壁画，它们的创作时期可以追溯到斯里兰卡佛教的开端。

可以肯定的是，是瓦拉加姆巴国王在公元前 1 世纪下令将洞穴改建成为圣殿的。泰米尔人入侵后，瓦拉加姆巴国王从都城阿努拉德普勒逃至丹布勒附近的石山上，并与住在山洞里的僧侣们一起隐居了 14 年。当他赶走侵略者、夺回王位后，便命人把藏身之处改建成了一座寺庙。后来人们对这些石窟洞穴进行了进一步修建和装饰。12 世纪时，波隆纳鲁沃王朝的尼萨卡马拉国王为石窟寺庙内 50 尊塑像进行了贴金装饰。

在第一个石窟寺庙"天王窟"中有一尊 14 米长的卧佛像，格外壮观庄严。规模最大、令人印象最深刻的石窟是第二个"大王窟"。第三个石窟"大新寺"由瑞嘉哈国王重修。第四个石窟源于公元前 1 世纪末期，是为了纪念英雄的索玛瓦蒂女王而建的。最后的第五个石窟是 19 世纪修建的，于 1820 年进行了翻新，洞窟内的雕像和壁画体现了那个时代的品位。

▲ 据统计，在丹布勒装饰丰富的石窟寺中有 150 多尊佛像。

波隆纳鲁沃古城

波隆纳鲁沃位于斯里兰卡中心北部，这座中世纪斯里兰卡首府中不乏重要的建筑遗迹和杰出的僧伽罗雕塑作品，其中以佛祖纪念像最为著名。

波隆纳鲁沃于 8 世纪首次成为斯里兰卡的首府所在地。1017 年阿努拉德普勒被毁后，波隆纳鲁沃成为首都，由印度国王和僧伽罗国王交替统治。后者中最重要的是波罗迦罗摩巴忽一世（1153 年至 1186 年在位）。他修建了寺庙、学校、医院、灌溉工程和宏伟的宫殿，波隆纳鲁沃在他统治期间达到文化和经济的顶峰。

13 世纪，波隆纳鲁沃遭废弃。不过如今所有重要的景点又重见天日。设有议事厅和皇家浴池的宫殿、有精巧的"月牙石"——一块月牙形的石板的"圆形遗迹神殿"、"八大遗迹之家"、55 米高的大塔卢温吠利，以及都波罗摩塔均诞生于波罗迦罗摩巴忽一世统治下的鼎盛时期。伽尔寺中保存着 4 尊刻在花岗岩壁上的大型群雕佛像。伽尔寺的卧佛长 14 米，是石雕佛像的杰作。

▲ 波隆纳鲁沃的佛舍为圆形房子，建于多层台阶之上，主要用来保护佛塔。

康提圣城

在康提的佛牙寺里供奉着佛祖释迦牟尼的牙齿。它是斯里兰卡最受尊敬的文物。每年一度的佛牙节上都会举办华丽的游行活动，沿途数万观客向佛牙致意。

这座宗教大都市是由国王维克拉玛巴胡三世 (1357 年至 1374 年在位) 建立的。然而城中主要建筑群的历史可以追溯到康提最重要的统治者国王罗阇辛伽四世 (1798 年至 1815 年在位)。他命人在旧皇宫中修建了木制观众厅，还下令在城中心挖掘出一座巨大的人工湖——康提湖。据说，之所以要打造出这片水域，是因为国王希望从皇宫到南部的马尔瓦特寺时保持双脚干燥，于是在稻田中筑起了一道水坝。没过多久，大坝后面形成了一个池塘。国王对这个池塘非常喜爱，就下令将其扩建为一个周长约 4000 米的壮丽湖泊。

斯里兰卡佛教徒最重要的朝圣地是佛牙寺。在这座两层的建筑物上层的宝贵神龛中珍藏着珍贵的文物。源于 14 世纪康提建国时期的兰卡提拉卡寺被认为是甘波拉时代建筑的杰出典范。

▼ 珍贵的佛教之宝被小心翼翼地保存在佛牙寺之中。

辛哈拉加森林保护区

辛哈拉加森林保护区的海拔在 500 米至 1100 米之间,主要由热带山地雨林构成。保护区内生长着种类丰富的兰花种,也是许多当地特有物种的家园。

位于斯里兰卡岛西南部的辛哈拉加森林保护区是斯里兰卡最后一个拥有原始雨林的地区。森林的名字意为"狮之国度"。为了保护其免于沦为斯里兰卡普遍存在的掠夺性伐木的受害者,政府将这片位于拉特纳普勒和马塔勒之间的地区宣布为生态保护区——岛上的热带雨林既是建造房屋的材料来源,也是各种药物和奇异香料的产地。然而,由于人口的快速增长,复杂的生态系统自身已经无法在不被破坏的前提下应付进一步大规模的入侵了。为此,人们颁布了法律对其进行保护。例如,只有从棕榈树的叶鞘中采集纤维才是合法的。尽管如此,非法的焚烧和宝石开采仍然不断给保护区造成严重破坏。

◀ 自然保护区面积约 85 平方千米。早在 1875 年英国殖民时期,这里就建立了第一个保护区。图为保护区的一种蜥蜴。

加勒老城

这座港口城市的历史首先是殖民化的历史:葡萄牙人、荷兰人和英国人在城中留下了他们建筑风格的痕迹。

早在《圣经》诞生时代,加勒就已经是贸易之地。当时这里被称为"塔什",是所罗门国王获得宝石之地。哈里发哈伦·拉希德当时还利用港口与中国进行贸易。直到 1505 年被葡萄牙人征服,这个地方才引起欧洲人的注意。葡萄牙人于 1640 年被荷兰人取代,而荷兰人又不得不在 1796 年为英国人让路。建于 1663 年的坚硬城墙保护着老城,这座曾经的要塞如今已经成为主要景点。在布尔格人(荷兰人后裔)的小巷子和房子里,21 世纪仿佛遥不可及。城中几乎没有留下任何葡萄牙人的痕迹——荷兰人的印记遍布各处:雄伟的堡垒、城门、巴洛克式的教堂和政府大楼无不彰显其全盛时期的辉煌。

▲ 2004 年圣诞节的海啸给这座港口城市带来了沉重的打击。近 4000 名居民在海啸中丧生。如今街道又恢复了昔日的繁华。

斯里兰卡中央高地

斯里兰卡中央高地由维尔德尔内斯峰保护区、霍尔顿平原国家公园和那科勒斯保护林地 3 个保护区组成，是该国生物多样性的"超级热点"。虽然空间不大，在这里却可以发现地球上其他地方不存在的植物和动物。

▲ 霍尔顿平原国家公园枝繁叶茂，郁郁葱葱。

斯里兰卡中央高地海拔达 2500 米，以草原、热带雨林和山林为主。许多动植物物种只在这里出现，如霍尔顿平原国家公园内生活着的 87 种鸟类和 24 种哺乳动物。其中最大的动物水鹿，是地球上仅次于麋鹿和美洲赤鹿的第三大鹿种。

"世界尽头"是一个著名的悬崖的名字，天气好的时候可以从这里看到海。那科勒斯保护林地涵盖了本国所有的气候形态。虽然森林面积不到斯里兰卡总面积的一半，却集中了多样性的生物：这里发现了 1033 种高等植物；在该地区的 247 种脊椎动物中，有 1/4 以上是当地特有的。

缅甸
骠国古城

被城墙遗址包围的城堡、佛塔和陵墓昭示着骠国城邦罕林、毗湿奴和室利差旦罗昔日的辉煌。

　　该考古遗址让人对东南亚最早的先进文明之一——骠人的工作和生活有了全面的认知。他们所建立的骠国在缅甸文明中占主导地位长达1000多年。骠人最早的一批城市建于公元前200年。昔日最强大的城市室利差旦罗面积约为1477公顷。这些城市由国王统治的同时享有最大的自治权，其特点是它们的平面图呈圆形或长方形，每座城池的四周都建有由砖砌成的城墙。设有宫墙的宫殿区是城市中心。除宫殿外，圣殿建筑也保存至今。部分寺院、佛塔和陵墓中装饰有护法雕像和壁画。有些建筑为骠人利用灌溉系统进行农业耕种提供了证据。也有人认为，骠人以从事远距离贸易为生。

▼ 这是位于室利差旦罗的佛塔。

泰国
班清考古遗址

班清是东南亚最重要的史前遗址。这里的考古发现证明了一种高度发达的文明的存在,该文明在当时已掌握了种植水稻、加工陶器和冶炼金属(青铜和铁)等技术。

20世纪60年代中期,一位美国大学生在泰国东北部呵叻高原上一个名叫班清的村庄发现了有3000多年历史的彩陶碎片。系统发掘始于1972年,一个高度发达的陶器文明由此重见天日。该文明现在被分为早、中、晚3个时期,始于公元前3000年,一直持续到公元400年左右聚落被废弃之时。然而,1974年发现的青铜器的年代在很长一段时间里存在争议。尽管最初的测定试验表明,该文明在公元前4500年左右就可以进行青铜加工(包括工具和武器),而现在普遍认为最早的时间可以确定为约公元前2000年。此外,发掘结果显示,在灌溉田地上种植水稻、养猪养鸡已经成为人们生存的基础。当时甚至已经有家养水牛用于水稻种植。

▲ 班清的卧佛寺出土了史前时代的陶器和人骨。

素可泰及邻近的历史文化城市

素可泰是泰国第一个王国的首都，位于泰国北部，今素可泰以西，仅有遗迹留存至今，它被认为是泰民族及其文化艺术的摇篮。由素可泰统治者建立的历史悠久的西萨查那莱历史公园和甘烹碧历史公园也被列入《世界遗产名录》。

13世纪泰人在首领膺它沙罗铁的带领下摆脱了真腊高棉人的统治。1238年，隶属真腊国的泰人小邦纷纷独立，泰人在高棉人的包围之中建立了素可泰王朝，膺它沙罗铁登基为王。他的儿子兰甘亨（1279年至1298年在位）即位后拓展了素可泰王朝的势力范围：北至琅勃拉邦（老挝），南达马来半岛。

身处今天的素可泰历史公园，仍能一窥暹罗建立的第一个独立国家都城的恢宏。在早期的建筑，如寺庙圣塔法丹和西沙瓦寺的身上仍然可以看到高棉的深远影响。然而，素可泰很快就形成了自己的风格，这一点从历史公园的中心建筑群玛哈泰寺就可以看出。曾经庞大的寺院拥有众多的殿堂和存放了文物与骨灰盒的建筑。如今，它们虽仅存残垣，但仍然令人印象深刻。西春寺的巨大坐佛是柔和优雅的素可泰风格的纤细佛像的代表。

◀ 一个僧人在西春寺内以黄金装点的无畏神像前诵经，神像宽约11米，高约15米。

▶ 西沙瓦寺中3座高棉风格的佛塔。

▶ 素可泰历史公园中有多尊佛像。

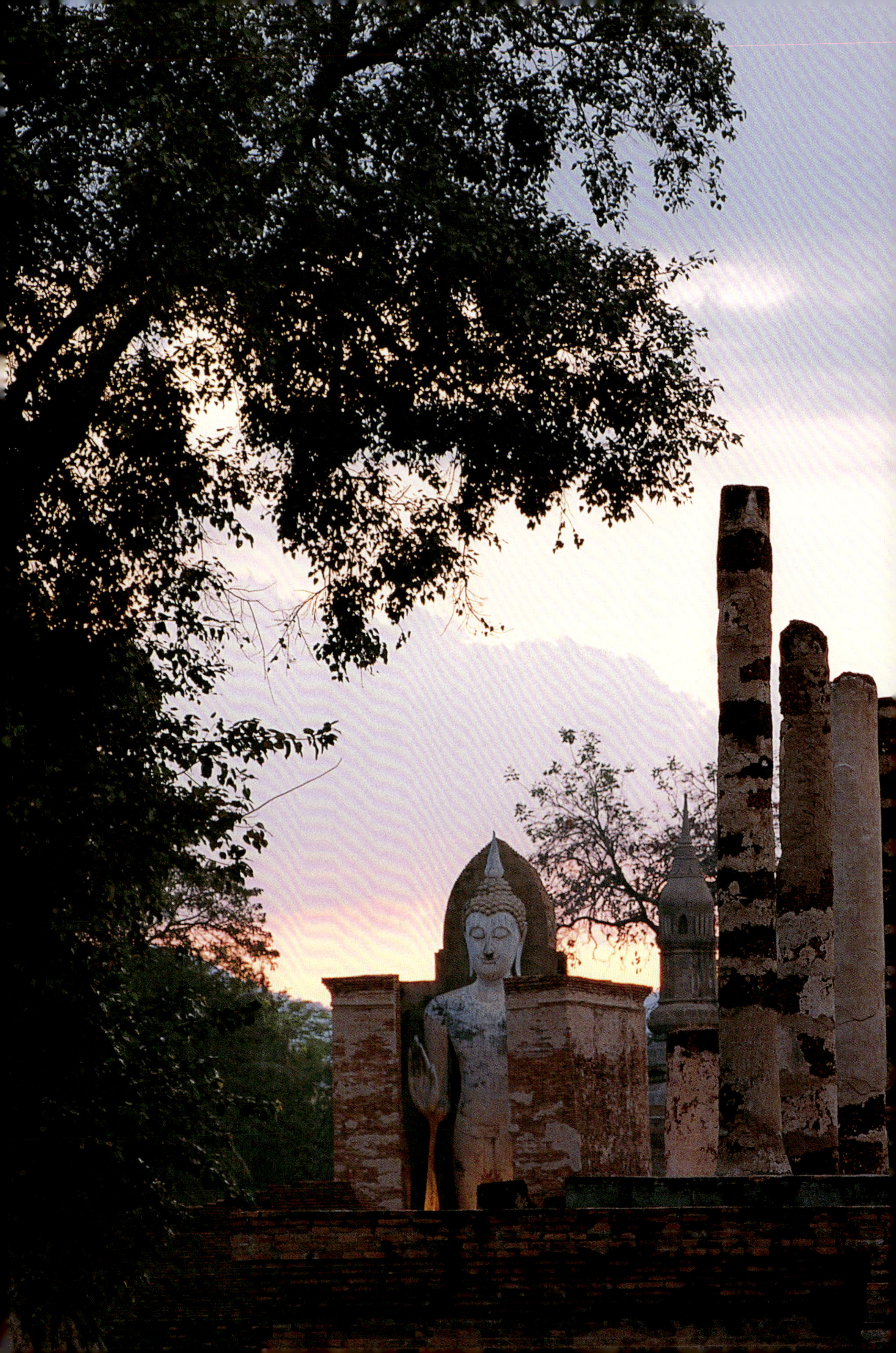

素可泰玛哈泰寺的中心是一尊坐佛像和一尊立佛像，它们同时也是寺院内保存最完好的建筑。盛极一时的玛哈泰寺的占地面积曾达约4万平方米。

阿瑜陀耶遗址

阿瑜陀耶位于河岛上，是泰国历史上第二个王朝阿瑜陀耶王朝的首都所在地，约于1350年建立。如今，阿瑜陀耶遗迹公园是一座露天的佛教文化博物馆。许多寺庙、宫殿和纪念性雕塑仍然见证着阿瑜陀耶曾经的辉煌。

"阿瑜陀耶"意为"无法攻克"，在鼎盛时期是一个拥有375座寺院和庙宇、约100座城门、29座堡垒及百万居民的大都市。然而这座备受赞誉的城市并非完全不可战胜：1767年，缅甸人攻陷了这座城市并将其摧毁，城中的居民或被杀死，或沦为奴隶。

阿瑜陀耶在王朝统治的400多年中一直是一个几乎囊括了整个东南亚大陆的大帝国的政治和文化中心，先后有33位国王曾定居于此。最重要的建筑遗迹都位于遗址的中心区域，比如帕司山碧寺、玛哈泰寺和拉嘉布拉那寺等。阿瑜陀耶供奉的佛祖雕像不可计数，其经典姿势包括站、行、坐、卧4种。

▲ 一尊石佛首被树根包围。

▶ 寺庙遗址上有几十尊姿态各异的佛像。

南亚和东南亚 227

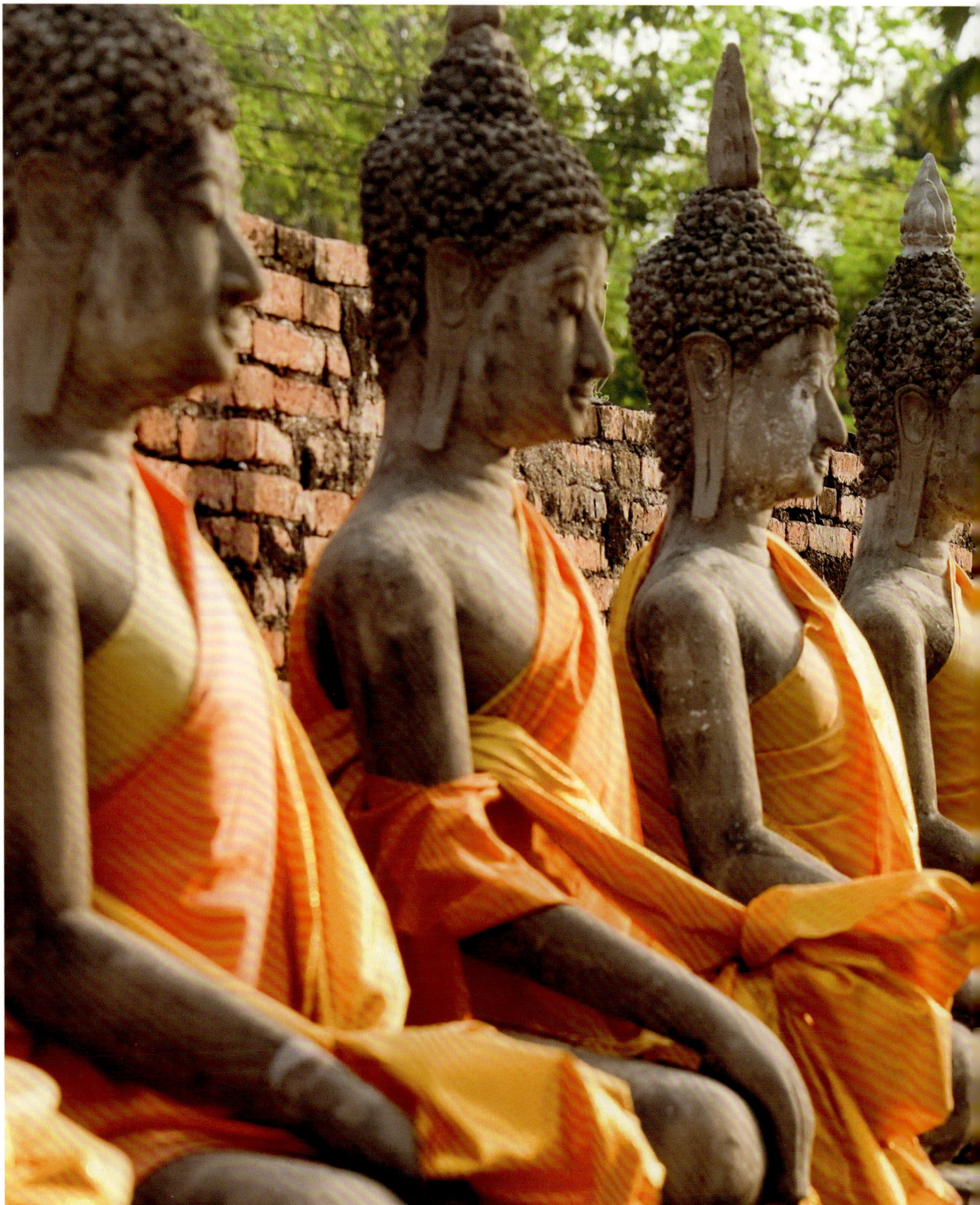

在阿瑜陀耶，卧佛所在的园内共有 135 尊佛像。在晨光的照耀下，整片区域显得格外引人注目。圣像呈对称分布，笼罩在一片崇高的光芒之中。

通艾-会卡肯野生动植物保护区

泰国西部的两个自然保护区通艾自然保护区和会卡肯自然保护区总面积达6100平方千米，它们共同构成了通艾-会卡肯野生动植物保护区，是东南亚最大的野生动植物保护区之一。

泰国与缅甸交界处的山地海拔在250米至1800米之间，其间河流与小溪纵横，呈现出草地、高原（近通艾）和以竹子为主的茂密热带丛林交替出现的景象。这两个保护区都不是国家公园，否则它们就会像斯里纳卡林水库南部和东部的国家公园一样必须对游客开放。因此，通艾和会卡肯只有在获得特别许可的情况下才能进入。正因为如此，在护林员的保护下，虎豹、云豹、大象、熊、貘、鹿豚、貂獾、印度野牛等大型哺乳动物几乎没有受到人类的骚扰，从而有机会生存下来。此外，热带树木的砍伐只能在有限的区域内进行。

▲ 保护区内的草原和常青树林也是豺（亦称亚洲野犬）的家园。

考艾国家公园

考艾国家公园中6000多平方千米的热带森林是濒临灭绝的哺乳动物、鸟类和爬行动物的宝贵家园。

位于海拔100米至1350米之间崎岖不平的丘陵和山地上的林区在呵叻高原南部一直延伸至泰国与柬埔寨的边界地带，包括考艾、塔兰、庞思达和达帕雅4个国家公园以及东艾野生动物保护区。从热带雨林到灌木丛和草原，这里多样的植被区为800多个动物物种提供了栖息地。东帕延高崖地区有近400种鸟类，包括濒临灭绝的紫林鸽、鹊鹂、绿孔雀和亚洲鳍趾鹛。野生印度象在全球范围内属于濒临灭绝的哺乳动物——而考艾拥有最大的印度象象群。同样在全球范围濒临灭绝的还有多种猎食性猫科动物，其中包括豹猫、云豹、老虎，以及与它有亲缘关系但只有家猫大小的纹猫和亚洲金猫；由于砍伐雨林，后者在其他地方已经难觅踪迹，近乎灭绝。

▲ 一头云豹。

在上文提及的 4 个国家公园中，
考艾国家公园是发展最好的。

老挝
占巴塞文化景观内的瓦普神和相关古民居

瓦普神庙建筑群是高棉文化的重要见证。它和谐地融入了占巴塞古老的文化景观中。

从10世纪到13世纪，占巴塞（或称巴萨克）隶属于以吴哥为首都的柬埔寨高棉帝国，当时高棉帝国的版图已经沿着湄公河向北扩张到永珍（今称"万象"）地区。最初人们计划开辟圣山甫告和平原之间的地区是为了种植水稻，于是这里除了发展出灌溉系统、庙宇建筑，在湄公河河岸还形成了两座城市。直至今日，这些都反映出印度教对于宇宙、自然和人类之间统一的世界观。世界文化遗址还包括瓦普神庙建筑群，它位于甫告山脚下，距离占巴塞8000米。这一寺庙建筑群最初用于供奉湿婆，建于10世纪阇耶跋摩四世在位期间。如今，这些庙宇建筑仅剩下残垣。此外，世界遗产范围还包括曾经的王都占巴塞、通往吴哥窟的历史大道的遗存、多处考古遗址和庙宇建筑。

▼ 从甫告山脚下的寺庙遗址出发，经过90多级陡峭的台阶可以到达曾经的湿婆神殿。

琅勃拉邦古城

在琅勃拉邦，佛教传统与老挝的建筑同19世纪和20世纪时欧洲的殖民风格相结合，发展出一种独特的镶嵌艺术。

再没有任何城市比琅勃拉邦更能代表传统的老挝了。即便是自法国在万象开始对越南进行殖民统治之后，琅勃拉邦失去了政治地位，但它依然是国家的文化中心。这座城市位于南康河汇入湄公河上游的河口处，因15世纪末发现一座源自14世纪的近1米多高的勃拉邦佛像而得名，人们还特地为这座佛像建造了一座寺庙。在琅勃拉邦尚被人称为"勐苏瓦"时，它作为老挝3个王国中所谓"万象之国"（澜沧王国）的中心已达一个半世纪之久。直至今日，这座古老的都城仍然拥有许多藏有大量珍品的佛教寺庙和寺院。最宏伟的建筑当属建于16世纪的王室寺院香通寺。琅勃拉邦城中的庙宇都由石头建造而成，世俗建筑的主要建筑材料则是木头。

▲ 两名新佛教徒在寺院的门前度过闲暇时光。

▲ 供奉勃拉邦佛像的萨拉勃拉邦寺位于前王宫的花园之中。

234　一生必去的世界遗产：走进亚洲

香通寺是琅勃拉邦古城佛教建筑中的一颗明珠,"香通"意为"金色的城池"。这座寺院建于1560年,寺内的马赛克与木雕装饰琳琅满目。

柬埔寨
柏威夏寺

高棉人的这座印度教神庙位于石山上,这里是柬埔寨和泰国两国的必争之地,因此几十年来纷争不断。

　　寺庙的历史可以追溯到9世纪,当时这里是一处偏僻的隐修之地。供奉印度教三大主神之一湿婆神的神庙建成于11世纪上半叶,其扩建工作一直持续到12世纪。最后一次扩建工作发生在高棉国王苏利耶跋摩二世统治时期。寺庙建筑群位于海拔525米的悬崖上,从此处可以远眺柬埔寨平原的壮观景象。800米长的建筑群就这样分布于峭壁之上。因此,朝圣者在登山结束后还需要经过台阶和小道,穿过5座被称作"普兰"的山门,才能到达主神庙。许多建筑都已坍塌,但得以保留的建筑部分则状态良好。三角山墙上的石雕描绘了印度史诗《摩诃婆罗多》,尤其是《薄伽梵歌》一章中的场景。寺庙在领土上是属于泰国还是柬埔寨,这一点一直存在争议。1962年,海牙国际法院宣判寺庙属于柬埔寨,然而这并没有消弭两国之间频繁的武装冲突。

▲ 此处展现的是印度教传说中的场景。

南亚和东南亚 237

▲ 一些三角山墙得以保存至今。

阿普沙拉女神

舞蹈是神圣的,它经常出现在印度教神界中,湿婆神也被尊为"舞神"。在一个旧时代结束时,他会通过跳舞来完成世界的毁灭,并且使之回归到宇宙精神之中,以创造一个新的宇宙。因此,有关舞蹈源于对神灵的崇拜并且以庙舞的形式一直存在于东南亚的宗教仪式之中,也就不足为奇了。

在古代印度史诗中,印度三大最高主神中的世界开创者梵天创造了"飞天女神"阿普沙拉。她们生活在须弥山因陀罗宫殿中"天宫乐师"乾闼婆的身边。因陀罗是吠陀时代的战神、雷神和雨神。阿普沙拉的任务是取悦"天神"提婆和"女神"蒂娃妲。因陀罗不断筛选出美丽的阿普沙拉,将她们送到人间以诱惑人类,其首要目的在于阻止人类对"成神"的追求。

阿普沙拉女神在高棉帝国的艺术中起着重要作用。成千上万的女神或独立或成群地以舞动的姿态出现在吴哥的寺庙

吴哥窟遗址

吴哥窟占地约400平方千米,是东南亚地区最大的文化古迹。古往今来,它见证了高棉帝国的辉煌历史。

阇耶跋摩二世于802年创立了高棉帝国。作为吴哥王朝的奠基者和"神君",他拥有绝对的教会权力和世俗权力,是天国和人间的媒介。他的肉身凡胎生活在宫殿之中;他的神像供奉在寺庙之中受人敬拜。直到13世纪初,高棉君主所推崇的宗教信仰都是印度教,并且他们作为湿婆神在人间的肉身受人敬拜。后来他转称自己为佛教菩萨的肉身,这种转变在吴哥王城的巴戎寺上体现得淋漓尽致。在阇耶跋摩七世统治时期,巴戎寺中先后建造起了49座宝塔,每座宝塔的4个外立面上都装饰有4米高、面向4个方向的观世音菩萨的佛面。按照传统,每一位神君去世后都会葬于寺庙之中,所以每一位高棉皇帝都必须为自己建造一座新的神庙,吴哥王城周边的寺庙数目便也一直增长。吴哥窟就是其中最为宏伟的建筑,它是苏利耶跋摩二世为自己建立的庙宇。在他统治期间,高棉文化盛极一时。

▲ 吴哥窟寺庙建筑群是柬埔寨的象征。

浮雕上，是浮雕上常见的《罗摩衍那》《摩诃婆罗多》等史诗的场景中的固定班底。作为人类与众神之间的媒介，吴哥的天子从因陀罗手中获得了帝国，因此舞蹈在宫廷中具有重要意义。

◀ 吴哥窟回廊的墙壁上装饰有大约2000个阿普沙拉女神和蒂娃妲女神。阿普沙拉女神（左图）常常膝盖向外弯曲，在莲花上舞蹈，而蒂娃妲女神（右图）通常以站立姿态位于壁龛中。

▼ 这些外立面上雕刻有佛面的宝塔（下图）是巴戎寺（上图）的标志。

越南
下龙湾群岛

下龙湾位于越南北部广宁省下龙市北部湾内,由大约2000个小岛和石灰岩组成。当地的热带季风气候和潮汐造就了独特的喀斯特地貌,山海风光秀丽迷人,是大自然的杰作。

岩石和山峰呈现出极其多样的形态,有底部宽阔的金字塔状岩石,有高高耸起的"象脊"状岩石,还有纤细的针状岩石。与其说人们在岛屿上看到的是自然景观,不如说人们亲眼见证了神话中才有的场景:也许是一条从山中(或是从天上)"俯冲而下的龙"("下龙")创造了这一自然奇观,它甩动强壮的尾巴进行击打,从而消灭了入侵的敌军,又或者它仅仅是因不堪惊扰,被怨愤驱使而如此行事。由此形成了沟壑和峡谷,蛟龙入海时激起的水流便漫溢到其中。地理上的"真相"听起来则简朴得多:最后一次冰期之后,属于中国西南地区石灰岩高原的沿海地貌(主要为喀斯特地貌)下沉,被水淹没。流水侵蚀造就了奇异的锥状岩石。下龙湾的大部分洞穴只能在退潮时才能够进入。

▲ 天宫洞的钟乳洞。

▶ 下龙湾的船运业务十分繁忙。

南亚和东南亚 241

1994年,下龙湾首次被联合国教科文组织列为世界自然遗产。2000年和2023年,这片保护区范围得到扩展。游客大多选择乘船欣赏沿途的秀美风光。

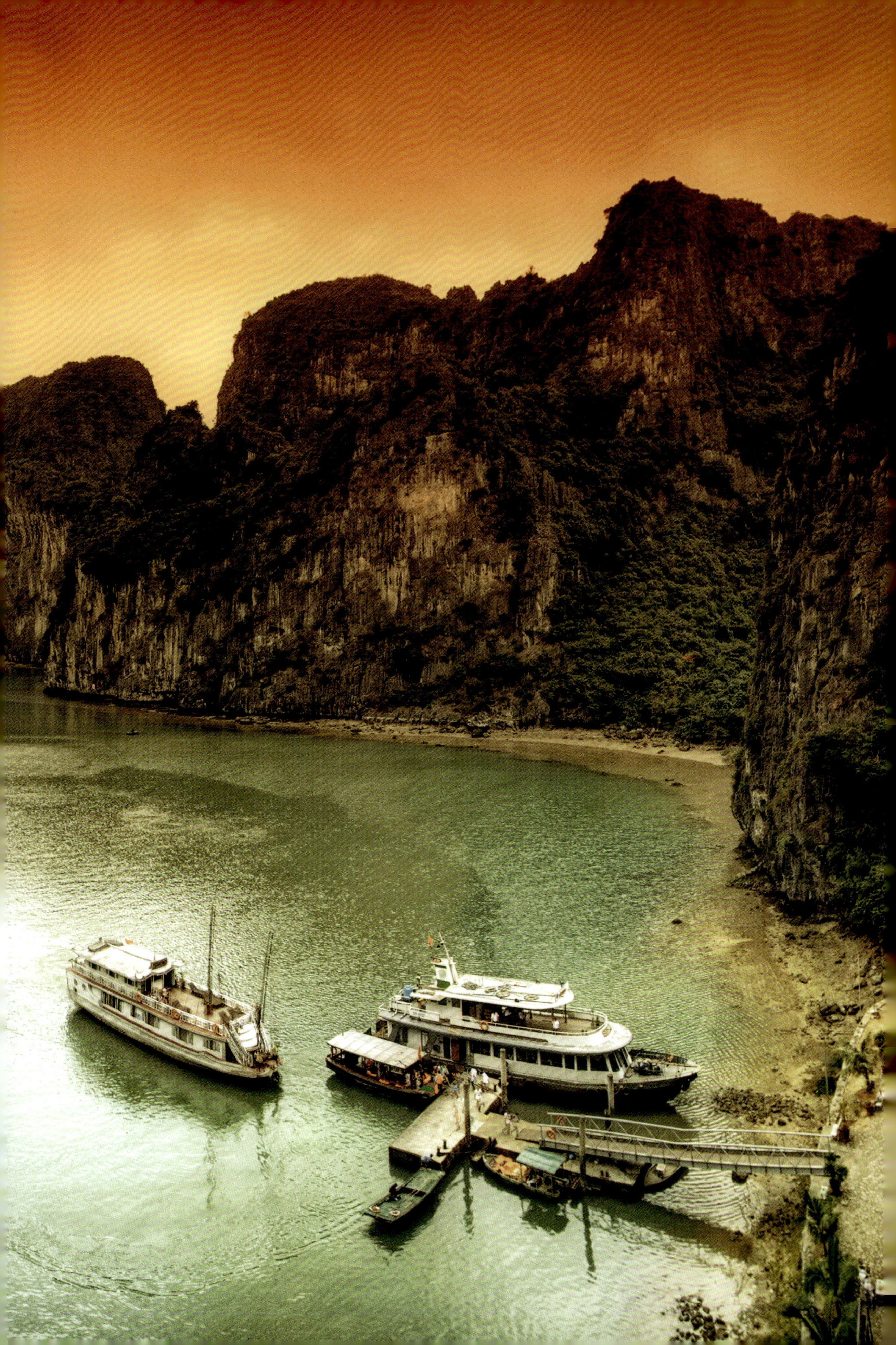

河内升龙皇城

越南首都河内的升龙皇城作为拥有数百年历史的权力中心，在该国历史上的地位至关重要。

升龙皇城于 11 世纪由越南李朝的统治者在源于 7 世纪的中国堡垒的遗址上建造而成，是"大越"独立的标志。皇城位于红河西岸，大部分建筑都在 19 世纪末遭到法国殖民者不同程度的拆毁，如今只有少数遗迹尚存。幸免于难的旗台是河内的城市象征，高 33 米，矗立于废墟之上。1954 年越南抗法战争结束后，人们在这里升起了越南的国旗。从那时起，这座在 1805 年至 1812 年建成的旗台就是越南人重获民族自信的象征。

▼ 端门是皇城的正门，也是皇城中最宏伟的重建遗址之一。

长安名胜群

长安名胜群位于红河三角洲，河内以南，是一处由石灰岩喀斯特地貌构成的山谷景观，拥有壮观的石灰岩、近乎垂直的峭壁和诸多洞穴。考古工作者在这些洞穴中发现了持续近 3 万年的人类活动痕迹。

长安名胜群不仅是越南的首个世界遗产，还是自然与文化双重遗产。该保护区占地约 72 平方千米，地处越南宁平省地界内。同名的省会城市宁平市位于河内东南方约 90 千米处，是游览该地区的理想起点：人们可以由此沿水路进行 2—3 个小时的乘船游览。其中最著名的景点不仅有高达 200 米的喀斯特岩石，还有下龙湾、三谷和华闾地区无数的洞穴或石窟。同名的华闾王城（源于 10 世纪或 11 世纪）也是世界遗产的一部分，如今城中只有宫殿地基的遗迹得以留存。考古发现证明这一地区早在 3 万年前就有人类定居。

▲ 人们乘坐游船在红河三角洲的河上行驶，有时需要穿过十分狭窄的石窟。

▲ 红河三角洲的山谷景观。

胡朝城堡

这座胡朝时期的城堡建于1397年，以中国要塞建筑为典范。该城堡在建造时参考了"风水"，是越南历史上传统统治手段得到儒家思想补充的见证。

城堡的建造者是越南胡朝的开国皇帝胡季犛。据推测，他可能是升龙皇城陈艺宗宫廷中的官员，通过与公主联姻巩固了地位，然后发动暴乱夺得政权。1399年，他邀请10年前继位的女婿陈顺宗来到他于清化省永禄县的城堡后将其囚禁并杀害，并于一年后废除陈顺宗之子少帝，自立为王，恢复胡姓，改国号为"大虞"。1398年至1407年，当时人称西都（意为"西面的都城"，区别于此前东面的都城，即如今的河内）的堡垒成为该国的政治、经济和文化中心。胡朝是越南所有朝代中历史最短的一个，仅历二世7年便宣告灭亡。

▲ 城堡的界墙和4座大门得以基本保存。

方芽 - 科邦国家公园

方芽-科邦国家公园的核心区地质多样，是一处古生代（大约40亿年前）时开始形成的热带喀斯特地貌，是世界上最古老的喀斯特地貌之一。2015年，公园中巨大的生物多样性也得到联合国教科文组织的认定，成为世界遗产的一部分。

该保护区位于越南北中部的明化县，大部分地区被热带雨林覆盖，因当地拥有越南境内规模最大、最美丽的方芽洞而得名。方芽洞意为"牙齿的洞穴"，这个名字体现了洞内钟乳石数量之多、形状之丰富。在其他洞穴中，考古学家还发现了越南占族的遗迹，这支民族在7世纪到10世纪之间控制了越南中部，时至今日仍在越南生活。这些洞穴揭开了4亿多年地质历史的面纱，在地质方面具有重大启发性。迄今的研究成果表明，国家公园中有14种特有植物，近600种动物栖息在这里。直到20世纪90年代，武广牛才被人发现，它也被称为"索拉羚"或"中南大羚"。

◀ 公园还为濒临灭绝的偶蹄目动物鬣羚提供了生存空间。

美山圣地

15世纪时，占婆古国对越南中部地区的统治已经近千年。美山曾是占婆的宗教和文化中心，这一古国留存至今的最古老、最宏伟的遗迹都位于此处。

占婆的起源可以追溯到2世纪后期，当时印度教徒区连（释利摩罗）建立了林邑国。在与中原的冲突中，当地的民族，尤其是占族人，逐渐发展出一种贴合印度教理念的独特文化。拔陀罗跋摩一世（亦名"范胡达"，380年至413年在位）是第一个以梵语名字被记录在史册上的占族国王。就是在他统治时期，人们在美山建立了一座供奉湿婆神的木庙。这座寺庙在200年后毁于一场大火之中。后来商菩跋摩（约577—629）在同一地点建造了一座石庙。如此这般，美山便发展出了一种建筑传统，并且一直延续到13世纪。在最后一座都城毗阇耶于1471年被信仰儒家的越南人占领之

▲ 庙塔耸立在基座上，向上逐渐变尖，其中最著名的塔高达24米。这些建筑的外墙上装饰有壁柱、中楣和神像。

后，占婆古国宣告灭亡。如今，仍有10万至15万的占族人在越南生活。

会安古镇

会安城中的城市设施、住房和寺庙无不倒映出亚洲和欧洲对这座城市的影响。

1516年，第一批葡萄牙人登陆越南海岸。1535年，第一个葡萄牙贸易站在会安建成。很快会安就发展成为一个生机勃勃的城市：中国人和日本人开始移居到这个别名"费福"的城市从事贸易活动；继葡萄牙人之后，越来越多的欧洲人来到这里。每个国家在城中都有一席之地，在这里进行转运的货物包括瓷器、清漆、香料和珍珠母等。

即便是17世纪末，越南王国历经50年内战，已没有兴趣也没有能力重新与欧洲建立起贸易关系，会安依旧是一个重要的"通往西方的门户"。18世纪末，城市的大部分地区都在西山起义中被摧毁，不得不进行重建。19世纪时，由于秋盆河河道不断被泥沙淤积，会安终于失去越南最重要的港口城市的地位，被岘港取代。

▲ 港口城市会安在15世纪到19世纪是重要的贸易中心。

得益于其经济上的衰落，会安城中历史悠久的建筑才得以保存。古城的建筑杂糅了中国、欧洲各国、越南和日本等的建筑风格，中国风格的建筑随处可见。

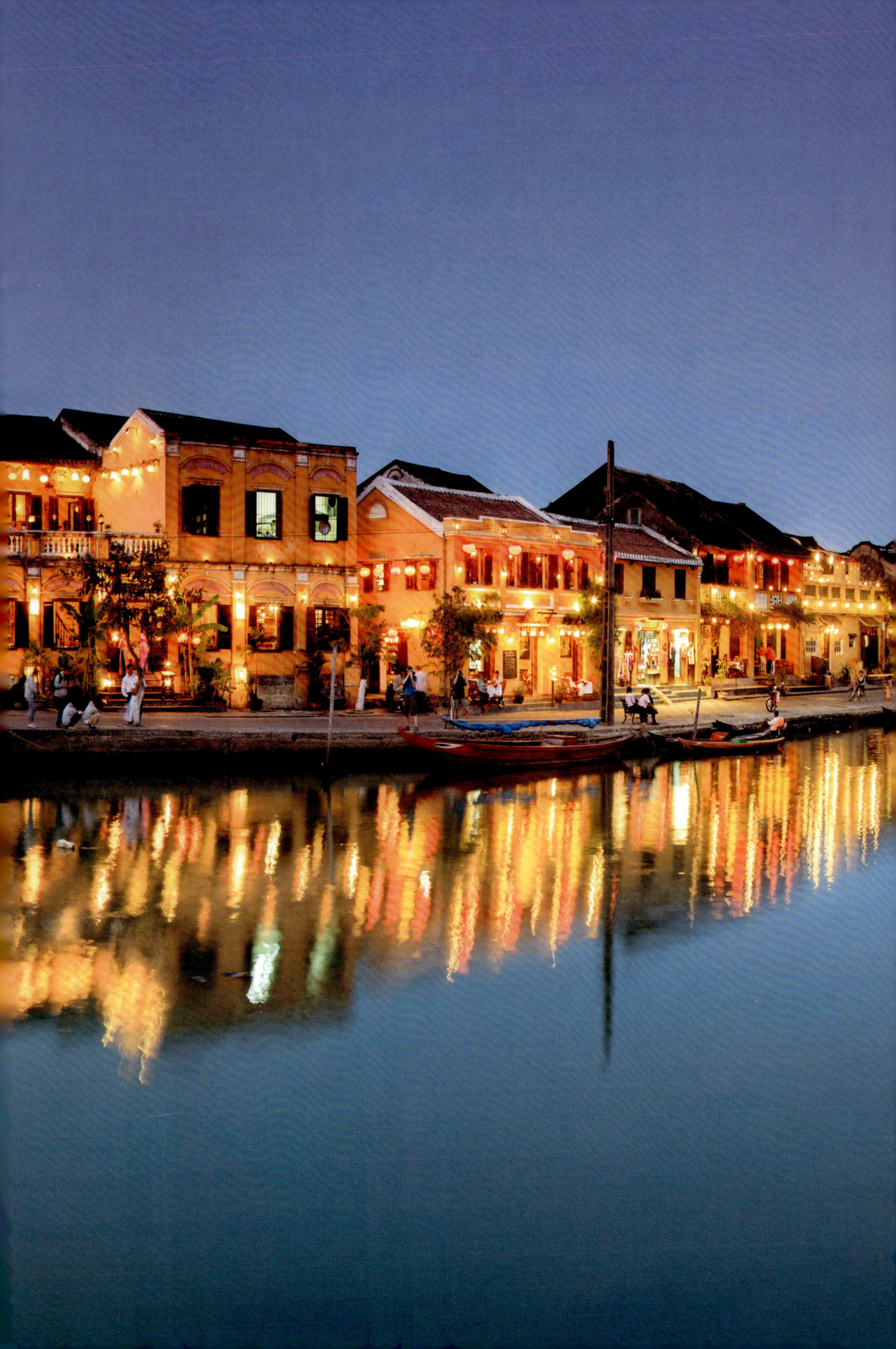

会安古镇是越南最迷人的地方之一。古镇全区严禁汽车通行，城里也不许建设现代化的高楼大厦。古镇共有 800 座历史建筑，其中许多都保存完好并且对游人开放。传统房屋沿河而建。

顺化历史建筑群

顺化位于如今的越南中部，距中国的南海不远，自 1687 年就成为越南阮朝的官邸，在 1802 年到 1945 年间是越南的都城。顺化城内的建筑主要以中国传统建筑为蓝本。这项世界遗产包括宫殿建筑群、寺庙和陵墓。

1802 年，阮福映统一分裂的越南并登基称嘉隆帝。他完全依照中国的宫殿风格在顺化中心建立了一座防御性的都城。

都城南部的皇城（"大内"）中住着朝臣和侍从。皇帝及其亲眷则单独住在中央的"紫禁城"中。与北京故宫不同的是，顺化的建筑群并非传统的正南正北朝向，而是有微微的倾斜。都城中设计最宏伟的建筑是南边的"午门"，城外有 7 位阮朝皇帝的陵墓。

南亚和东南亚 251

▶ 一个和尚在清扫通往天姥寺或称灵姥寺主殿的台阶。

▼ 皇城中的建筑。

菲律宾
维甘历史古城

维甘历史古城是全亚洲保存最完好的西班牙殖民城市。

　　1574年，西班牙征服者胡安·德·萨尔塞多在吕宋岛西北部建立了维甘城，它随即迅速发展为菲律宾第二重要的贸易中心。幸运的是，当地的殖民建筑既没有在日后的城市重建中被拆除，也没有在第二次世界大战中倒在日军的空袭之中，而是得到了近乎完整的保留。除西班牙商人外，许多中国商人也曾在维甘安家落户，因而古城中不乏中式建筑大师作品的痕迹。这里建筑风格的典型特征包括坚固砖墙的豪宅、砖石铺地的庭院、带栏杆的阳台和屋内标志性的深色抛光硬木地板。城中不少重要建筑都集中在萨尔赛多广场周围，如新古典主义风格的省议会大厦、18世纪的主教宅邸和圣保罗大教堂等。该教堂为三中殿式，侧翼两扇门前均有石狮子把守，与中国的镇宅石狮十分相似。城中最美的、保存最完好的殖民时期的建筑则坐落于曾经的梅斯蒂索区。

▼ 维甘历史古城内所谓的"梅斯蒂索区"曾是许多中国人的聚居地，这里的建筑呈现出西班牙风格和中式风格相融合的特点。

菲律宾科迪勒拉山的水稻梯田

早在 2000 年前，伊哥洛特人的分支伊富高人就已开始在吕宋岛北部的苍翠群山中开垦梯田、种植水稻。

水稻的栽培是整个亚洲历史上意义最深远的文化成就之一，而伊富高人——一群生活在菲律宾科迪勒拉山同名省份中的土著山民——在水稻种植中发展出了尤为高超的技艺。这项世界遗产涵盖了吕宋岛上的 5 片区域，2 处位于巴拿威市（巴达特和邦雅安梯田），其余 3 处分别位于梅奥瑶、基安干（纳卡丹梯田）和洪端市。这些梯田都坐落在长约 20 千米的巴拿威山谷中，经由人工艰苦开凿而成，几乎可以说是"粘贴"在陡峭的山坡上。每阶梯田宽约 3 米，被由碎石垒成、高达 10—15 米的石壁隔开，形状走势依自然条件而定。竹管、水渠和小水闸组成了一个个精巧的灌溉系统，能够

▲ 菲律宾科迪勒拉山的水稻梯田被誉为"世界第八大奇迹"。

保证上到最高阶、下到山谷中的每一阶田地都蓄积上充足的水源。

菲律宾的巴洛克教堂

菲律宾的巴洛克教堂可谓独树一帜，这是因为它成功地将欧洲的巴洛克建筑风格和当地的艺术与手工艺传统融为一体。

在佛教和伊斯兰教盛行的地区，天主教神父需要通过教堂来展示权威，彰显雄伟和稳定。因此，当时的教堂几乎可以称得上是保卫信仰的堡垒。其中 4 座教堂被列为世界遗产，分别是位于马尼拉古老的王城区（拉丁名原意为"在墙内"）的圣奥古斯丁教堂（建于 1571 年）、位于吕宋岛圣玛利亚市的圣母升天教堂（建于 1765 年）、位于班乃岛米亚高市的比利亚努埃瓦的圣托马斯教堂和位于吕宋岛抱威市的圣奥古斯丁教堂。马尼拉的圣奥古斯丁教堂是菲律宾最古老的石砌教堂，在第二次世界大战中，整座老城几乎毁于一旦，唯有圣奥古斯丁教堂在战火中幸存；圣玛利亚的圣母升天教堂如同一座武装严密的要塞；比利亚努埃瓦的圣托马斯

▲ 马尼拉老城区的圣奥古斯丁教堂被誉为"菲律宾教堂之母"。

教堂以装饰华美的外墙著称；抱威的圣奥古斯丁教堂拥有一座独立的钟楼。

图巴塔哈群礁自然公园

这片坐落在苏禄海中央的保护区由两片珊瑚环礁组成。这两片珊瑚环礁因其拥有面积广大的珊瑚礁而闻名遐迩。

图巴塔哈群礁海洋公园在1993年便被列入《世界遗产名录》，在此基础上，2009年，环绕着它的自然公园也被指定为保护区。在距巴拉望岛南岸约180千米处，有两个小型珊瑚环礁突出海面约1米，它们为种类繁多的生物提供了几乎不受干扰的栖息地。这里生活着的濒危物种包括玳瑁海龟和绿海龟；稀有品种有燕鸥和鲣鸟；还有种类不计其数的珊瑚，其中如木珊瑚、滨珊瑚般具有代表性的就有40多种。面积较大的北部环礁也被称为"鸟岛"，呈长约16千米、宽约4.5千米的椭圆形。环礁中央包围着一片由珊瑚沙组成的潟湖，为鸟类提供了理想而安全的筑巢地。南部环礁面积较小，由一道宽约8000米的海峡与北部环礁分隔开来。这里的水下世界更是丰富多样，至少有40个科的380多种鱼类栖居于此。

▲ 潜水员的眼前展现出一个迷人的水下世界。图为玳瑁海龟。

▲ 图为胡椒鲷。

普林塞萨港地下河国家公园

这座国家公园以热带喀斯特地貌著称，其主要景观是地球上最长的可通航的地下河，它发源于圣保罗山脉西南方向约2000米处，几乎全程在地下奔流，最终在圣保罗湾重见天日。

普林塞萨港地下河国家公园位于巴拉望岛首府普林塞萨港西北方向约80千米处，圣保罗山脉的石灰岩地貌是园内最令人印象深刻的景观之一。这条山脉自北向南延伸，是一条圆形峰顶的石灰岩山脉，最高峰为1027米高的圣保罗山。园内核心景观是一条长度约为8000米的地下河，其中超过4000米以上的河段可以通航。河流在地下奔腾，塑造出一个壮观的洞穴群。从高达60米的"大教堂"，到规模较小的溶洞，无不充斥着体积巨大、造型奇特的钟乳石和石笋。洞穴群的尽头是一个大石窟，可以看到投射进来的日光。

▲ 一条地下河贯通了国家公园的喀斯特石灰岩景观。

汉密吉伊坦山野生动植物保护区

汉密吉伊坦山是菲律宾最偏远的地区之一。该保护区是濒危物种最重要的避难所之一，已被列为极危物种的菲律宾鹰就生活在这里。

海拔1620米的汉密吉伊坦山高高矗立在棉兰老岛的东达沃省内，周围的群山构成了达沃湾和菲律宾海之间的分水岭。与世隔绝的地理位置使得保护区内具有极高的生物多样性和差异性，绝大部分属于当地特有的动植物群得以发展繁衍。这片面积约160平方千米的区域于2004年7月被划为野生动植物保护区，后又被列入《世界遗产名录》。汉密吉伊坦山以其热带矮林而闻名，其中部分树的树龄超过100年，此外还有仅生长在棉兰老岛山地的珍稀品种猪笼草。科学家猜测，该地区还潜藏着大量尚未被发现的特有物种。

▲ 眼镜猴属于灵长目，体型较小，具有夜行性，分布于东南亚的岛屿上。

马来西亚
基纳巴卢山国家公园

基纳巴卢山国家公园位于马来西亚沙巴州,加里曼丹岛北端,以极其古老的植被和东南亚最高的山峰之一而闻名。

基纳巴卢山国家公园建立于1964年,是马来西亚最早的国家公园之一,以其极为古老的植被而闻名。保护区的核心是气势恢宏的基纳巴卢山,该山海拔4095米,是喜马拉雅山脉和新几内亚岛之间的最高峰。

基纳巴卢山的突出特点是其巨大的植被差异性:山上的植被种类随所在区域不断变化,直到山顶贫瘠的岩石地貌为止。低地部分覆盖着热带雨林,其中生长着1200余种野生兰花和许多杜鹃花树,花朵的颜色从深红、浅粉到纯白,争奇斗艳、美不胜收;海拔较高的区域则以山林为主,有大约40种不同的橡树,其枝条上覆盖着苔藓和蕨类植物,除此之外,针叶林也是该区域的主要植被;在林线以上(大于海拔3400米),只有孤立的矮小灌木、草和其他草本植物在裸露的岩石上扎根。国家公园提供了绝佳的攀登体验,这也使它备受登山爱好者青睐。

▲▼ 图为坐落于婆罗洲的基纳巴卢山(下图),其陡峭的岩壁耸立在同名的国家公园(上图)之上。

姆禄山国家公园

姆禄山国家公园位于马来西亚砂拉越州加里曼丹岛。这里雄伟的山岩中分布着全世界最大的洞穴群，为研究地球地质演变过程和穴居动物的起源提供了独特的视角。此外，该国家公园也是多种地上和地下动植物的重要保护区。

▲ 姆禄山国家公园为了解地球地质演变过程和穴居动物的起源提供了可能。

地球历史的时间跨度之大超越人类的想象：这座国家公园中破碎崎岖的地貌的形成开始于约 3000 万年前，如今的地表在当时还位于海平面以下，由被磨蚀成沙子和沉积物的火成岩构成。在数百万年的演变中，珊瑚和其他海洋动物又组成了石灰岩层。距今约 500 万年前，随着海平面下降和褶皱作用的发生，形成了由极为纯净的石灰岩构成的山体，如阿比山（海拔 1750 米）紧邻着石灰岩层还分布有砂岩，后者也存在于园区内最高峰姆禄山（海拔 2377 米）上，这座占地约 540 平方千米的国家公园正是以这座山峰的名字命名的。数百万年来，河流的冲刷塑造出了巨大的洞穴系统，其中生活着多种蝙蝠和昆虫。

马六甲和乔治市——马六甲海峡历史城市

这两座古城中的历史建筑忠实地反映了马来西亚曲折的殖民历史。

位于马来西亚西南沿海的马六甲建于14世纪末，很快发展成为一个热闹繁荣的贸易和航海城市。从葡萄牙、荷兰再到英国，不同的殖民势力均在马六甲的城市景观中留下了自己的烙印。建于1641年至1660年的市政厅（"荷兰红屋"）是这些历史建筑中的杰出代表，荷兰总督曾在此办公。如今，它是亚洲现存最古老的荷兰历史建筑，已经改为博物馆。

而在马六甲市以北约450千米处，坐落于槟城岛上的乔治市同样充斥着浓重的多元文化气息。当地人口除马来人外，还包括华人、印度人、缅甸人和其他马来西亚的少数民族。该城始建于1786年，最初是用作英国的贸易口岸，城内建筑还保留着英国殖民时期的风貌。

▲ 金碧辉煌的柱子和优美的弧形屋顶装饰着乔治市最古老的佛教寺庙。

玲珑谷地考古遗址

该项世界遗产由分属两组的4处考古遗址组成，其地层序列几乎完全保持原貌。

玲珑谷地最早的定居者历史可以追溯到约200万年前，它因此成了地球上人类定居历史最久的地区之一，也是东南亚最重要的考古遗址之一。该遗址的特殊之处在于，从旧石器时代到新石器时代再到青铜时代的地层序列都得到了完整的保留——甚至在露天环境下也是如此。被列为世界遗产的考古遗址分为两组，一组由武吉布农和哥打淡板两处遗址组成，另一组则包括"老虎洞"和另一处遗址。在"老虎洞"中，人们发现了距今约1.3万年的人类化石"霹雳人"，它也是东南亚年代最久远、保存最完好的人类遗骸。武吉布农最古老的出土文物可以追溯到183万年前的一些源自旧石器时代的工具。它们能够被保存下来得益于一次陨石撞击：陨石碰撞导致岩石液化、倾泻在地面上后再次凝固，这些工具便被封存在了新生成的岩石中。

▲ 玲珑谷地的考古发掘表明，人类早在史前时代便已在此定居。

新加坡

新加坡植物园

将新加坡植物园列入《世界遗产名录》是联合国教科文组织对这一为现代植物学做出重要贡献、在园艺栽培方面也取得大量成就的机构认可的体现。

这项世界遗产也被许多人誉为亚洲最美的花园。新加坡植物园包含一座兰花园和一片小型热带雨林,开放时间为每日早上5点至午夜,每年接待游客达400万人。该植物园的历史可以追溯到英国殖民时期:1859年在一个农业园艺协会主持下建成,最初的目的是培育具有经济价值的作物。1879年,植物学家亨利·尼古拉斯·里德利被殖民政府任命为植物园的首任园长。在他的带领下,橡胶树的种植大获成功(20世纪初,马来西亚的橡胶种植园进入世界市场,加速了巴西橡胶工业的衰落,前者所使用的植株便是来自新加坡)。新加坡植物园在兰花栽培方面也居于领先地位,为都市绿化提供了不小的助力。

▼ 在这座总面积达74公顷的热带天堂中,生长着超过1万种植物。

印度尼西亚

乌戎库隆国家公园

乌戎库隆是印度尼西亚的第一座国家公园。联合国教科文组织将其列入《世界遗产名录》，主要是为了保护爪哇岛低地雨林仅存的遗迹，以及极为罕见的一个爪哇犀的小种群。

爪哇岛是马来群岛大巽他群岛中面积最小但人口最多的岛屿。乌戎库隆国家公园由爪哇岛西南部的乌戎库隆半岛和位于巽他海峡的喀拉喀托、巴娜依丹和贝坞藏3座岛屿组成，其保护范围囊括了爪哇岛的低地雨林、沿海一带的珊瑚礁和"喀拉喀托之子"火山岛的动植物群。雨林中濒危程度最高的动物要属爪哇犀，它是一种夜行性非群居动物，主要以树叶、水果、嫩芽和树枝为食。偷猎者的猖獗活动曾一度使其种群的数量减少到25只，如今据称已经回升到60只。尽管如此，这种与印度犀有亲缘关系、同样只有一只角的犀牛仍然是世界上最稀有的大型哺乳动物之一。与之相比，生性胆怯的爪哇野牛明显更为常见。此外，乌戎库隆国家公园内还生活有鹿、猿猴、豹、湾鳄和犀鸟。

▲ 在印度尼西亚乌戎库隆国家公园的低地雨林中，分布着各种不计其数的瀑布。

普兰巴南寺庙建筑群

普兰巴南一度曾是爪哇岛最重要的印度教寺庙建筑群，这里供奉着梵天、毗湿奴和湿婆。

寺庙建筑群之上耸立的数座寺塔从远处便可望见，它们的建设可能早在9世纪便已开始，但主庙拉腊·琼河格兰神庙据传直到915年才建造完成。主庙供奉的是湿婆，这位印度教中代表创造、维持和毁灭的神明在这里被呈现为至高神"大天"的形象，他的象征物林伽在寺庙建筑群内随处可见。梵天和毗湿奴的神庙规模较小，分别位于中央主塔的南北两侧。寺庙建筑群的整体结构对应着"三相神"，即印度教三大主神三位一体的概念。1549年的一场大地震几乎使该建筑群毁于一旦，残余的废墟从此被长期用作采石场。直到1937年，人们才开始重建这一寺庙建筑群，并且于1953年基本完工。在2006年5月的又一场强烈地震中，寺庙建筑群再次遭到破坏，不过现在也已再度向游客开放。

▲ 除普兰巴南以外，其周边的另外4个寺庙建筑群也被列为世界遗产，分别是郎邦、布拉、阿苏和塞武寺庙建筑群。

苏门答腊热带雨林

该项世界遗产包括 3 座国家公园，保护着世界上仅存的几座规模较大的热带雨林之一。

这 3 座国家公园是位于苏门答腊岛北部的勒塞尔火山国家公园、中部的葛林芝塞布拉国家公园和南部的武吉巴里杉西拉坦国家公园。在保护区内生长着约 1 万种植物，其中包括 17 个特有属。世界上超过一半的被子植物种类都能在苏门答腊岛上找到，其中知名度最高的两个种群是世界上最大的花（阿诺尔特大花草，又称大王花）和巨花魔芋，后者拥有整个植物界最高的花序。岛上多样的动物种群至今仍然只有部分得到了科学记录。迄今为止，发现的仅鸟类就有 580 种之多，其中 21 种是特有品种。更为惊人的是，岛上的本地物种还包括猩猩、老虎、犀牛、大象、髭羚、貘和云豹。当地丰富的生物多样性与多样的地质构造和广阔的生存空间息息相关，这指的不仅仅是热带雨林，还包括景色迷人的高山、山林、山地湖泊、火山、火山喷气孔、瀑布、洞穴和湿地等。

▼ 勒塞尔火山国家公园是一些濒危物种的栖身之所，其中包括苏门答腊犀（上图）和苏门答腊猩猩（下图）。

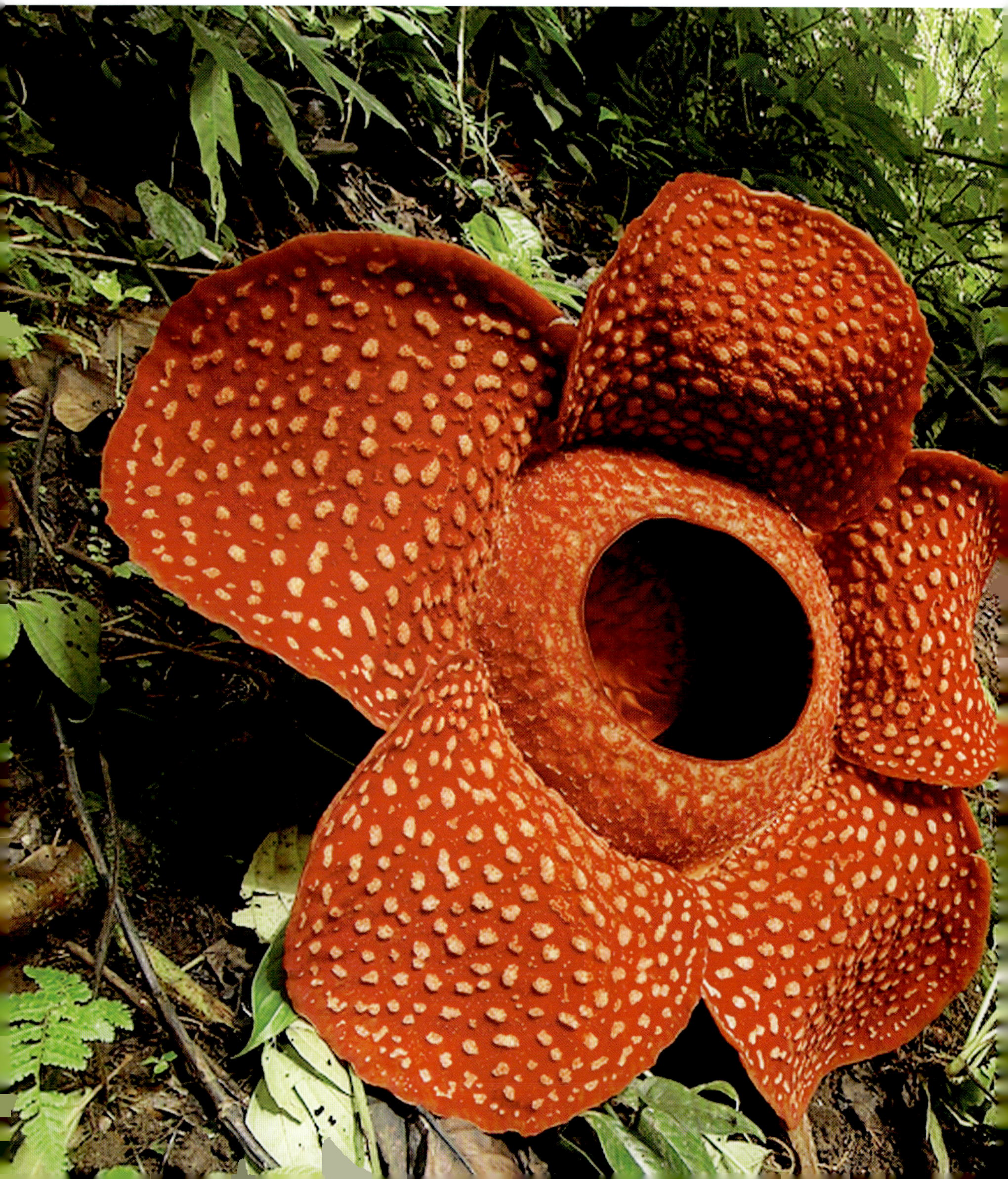

南亚和东南亚 263

苏门答腊热带雨林中名副其实的庞然大物：盛花期的红色大花草，其充满魔幻色彩的花朵直径可达 1 米（左图）。巨花魔芋拥有植物界最大的不分支花序，花朵高度可达 3 米（右图）。

婆罗浮屠寺庙建筑群

这个寺庙建筑群位于印度尼西亚的中心岛屿爪哇岛上,是东南亚最重要的古代佛教寺庙建筑群之一。

该寺庙建筑群建于8世纪或9世纪,象征着佛教中位于世界中心的须弥山,以及佛教将世界划分为三界的宇宙观:限于世俗的欲界、有名有相的色界和超越物质的无色界。

在正方形的地基上建有5层代表尘世的浮雕画廊,描绘的均是"本生",即佛陀的前世故事中的场景。画廊之上是3层代表天界的圆形平台,后者承载着72座佛塔("窣堵坡"),全部围绕顶层的主佛塔修建,每座佛塔中曾经都供奉着一座佛像。

▶▼ 传说中,佛陀本人曾将袈裟折叠成圆丘,上面放上乞食所用的钵,又在顶上插上木棍,由此确定了佛塔的样式。艺术史家卡尔·威特曾对婆罗浮屠做出高度评价,认为该建筑整体"是一座神性的纪念碑,其中充斥着高度的整体性,并且将其直观呈现为一座圣所"。

南亚和东南亚 265

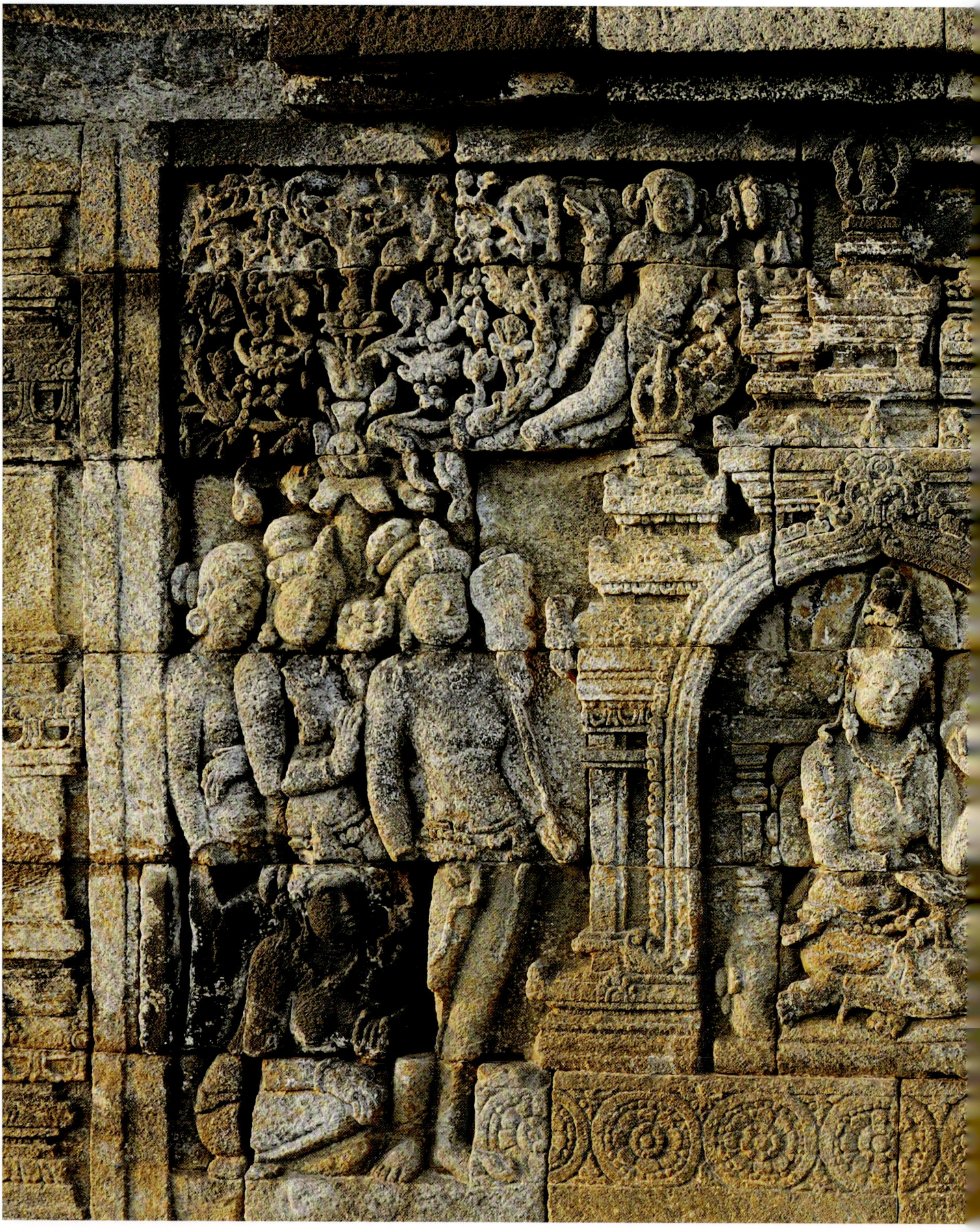

婆罗浮屠寺庙建筑群拥有一条长达5000米的浅浮雕。4条分级收窄的回廊墙壁上装饰着描绘佛陀生平的场景。在这片独特的区域内,有超过500尊佛像、超过1300幅场景浮雕以及1200多幅人物浮雕,还有不计其数的台地、雕塑与壁龛。

桑义兰早期人类遗址

此处发现的直立猿人为人类进化史的研究提供了极大的启发。

自人类学家和地质学家欧仁·杜布瓦在这里发现"爪哇人"的头盖骨后，印度尼西亚就被视为人类进化最早的地点之一。杜布瓦将他的发现命名为"直立猿人"（Pithecanthropus erectus），"Pithecanthropus"一词在希腊语中正是"猿人"的意思。随后，从1936年到1941年，人类学家古斯塔夫·海因里希·拉尔夫·冯·孔尼华又在发掘工作中发现了更多带有人类特征的骨骼化石，其年代距今约有150万年。时至今日，桑义兰依然是世界上最重要的早期人类化石遗址之一。对"爪哇人"和"北京人"的比较表明，二者都属于直立人，他们在很大程度上已经具备了现代人类的身体特征。

▲ 图为存放桑义兰古人类化石的博物馆。迄今为止，考古工作已经发现了分属约40个个体的骨骼化石。

巴厘省文化景观：苏巴克水利系统

独创的灌溉系统保证了巴厘岛上稻田的持续供水。除这一公共灌溉系统外，该世界遗产还包括5座水神庙。

"苏巴克"（巴厘语中意为"相连的水系"）是指巴厘岛上一套可协作管理的灌溉系统，主要服务于稻田耕种。位于泉井或河流附近的数个聚落结合成一个灌溉社区，集体使用和维护所有的河渠和堤坝，从而确保田地的供水。苏巴克水利系统可以被视为巴厘岛"三界和谐"（Tri-Hita-Karana，字面意为"幸福的3个来源"）追求的直接体现，其目标是神、人和环境之间关系的平衡。这一信仰最初起源于印度，由于巴厘岛早在约2000年便与印度有了密切的文化交流，它也在此广泛传播开来，对现在巴厘岛的经济形态产生了决定性的影响。

▲ 图为巴厘岛上拥有数百年历史的古老稻田的灌溉系统，以及得到充分灌溉的梯田。

科莫多国家公园

科莫多国家公园是科莫多巨蜥的保护区，该物种只在这一地区有所分布。当地的热带雨林、热带草原和热带稀树草原为它们提供了狩猎野猪或鹿的理想条件。

科莫多国家公园的范围事实上远远超出了科莫多岛本身。除了这座位于小巽他群岛的长约35千米、宽约25千米的岛屿，它还囊括了周边面积较小的帕达尔岛、林卡岛、吉利莫坦岛以及弗洛勒斯岛的西海岸。当地植被茂盛，以热带雨林、热带草原和热带稀树草原为主要形态，部分地区还分布有红树林。

国家公园内的主要特色为世界上现存体型最大的蜥蜴——科莫多巨蜥。这是一种在土中穴居的昼行性陆栖动物，主要以野猪和鹿等哺乳动物、体型较大的鸟类、毒蛇和龟类为食。据公园管理部门估计，保护区内共生活着约6000只这种体长约3米的"巨龙"。如果将统计范围限制在科莫多岛上，则只有约3000只——甚至可能达不到这个数量。科莫多巨蜥的危险性不容小觑，但游客依然可以在野生动物保护人员的陪伴下亲眼观察它们。

▲ 科莫多巨蜥的舌头很长、分叉很深，可以捕捉和辨认出最细微的气味。

洛伦茨国家公园

洛伦茨国家公园位于印度尼西亚新几内亚的巴布亚省（旧称伊里安查亚省），总面积约2.5万平方千米，是东南亚最大的自然保护区。园中不仅有丰富的地貌类型，还有多样的动植物群。

这座国家公园的所在地有着复杂的地质结构，这也造就了丰富的生物多样性。园内的山地是由两个大陆板块相互碰撞挤压形成的，这一构造运动至今仍在进行。山脉上的高峰被冰川覆盖，海拔高达5000米。低地区域则是一片泥泞的平原，有着苍翠的原始森林和密布的河网。低地的植被同时包括海岸上的低级草本植物，以及内陆常绿和落叶阔叶混交林中相当复杂的生态系统。在内陆海拔600米至1500米的区域，是新几内亚植物物种多样性最高的地方。这里生长着约1200种树木，栖息的鸟类中也有大量特有种，更是许多有袋类动物除澳洲大陆外唯一的栖息地。此外，还有约150种尚待研究的两栖动物和爬行动物。

▲ 斑袋貂是一种非群居的树生动物，以树叶、花朵和浆果为食。

图书在版编目（CIP）数据

一生必去的世界遗产．走进亚洲 / 德国坤特出版社编；林琳，李牧翰，张皓莹译． -- 北京：金城出版社有限公司，2024.10
　　ISBN 978-7-5155-2555-6

Ⅰ．①一⋯ Ⅱ．①德⋯ ②林⋯ ③李⋯ ④张⋯ Ⅲ．①自然遗产－亚洲－摄影集②文化遗产－亚洲－摄影集 Ⅳ．①S759.991-64②K103-64

中国国家版本馆CIP数据核字(2024)第013236号

Copyright @2018 Kunth Verlag GmbH & Co.KG, Munich, Germany
All rights reserved. No part of this book may be reproduced or transmitted in any form or by any means, electronic or mechanical, including recording, or by any information storage and retrieval system now or hereafter invented, without permission in writing of Kunth Verlag.
The simplified Chinese translation rights arranged through Rightol Media

（本书中文简体版权经由锐拓传媒取得Email: copyright@rightol.com）

Simplified Chinese Edition Copyright:
2024 Gold Wall Press Co., Ltd. ALL RIGHTS RESERVED

一生必去的世界遗产：走进亚洲
YISHENG BI QU DE SHIJIE YICHAN: ZOUJIN YAZHOU

作　　者	[德] 坤特出版社
译　　者	林　琳　李牧翰　张皓莹
策划编辑	汪昊宇
责任编辑	岳　伟
文字编辑	龙凤鸣
责任校对	朱美玉
责任印制	李仕杰
开　　本	787毫米×1092毫米　1/16
印　　张	18
字　　数	492千字
版　　次	2024年10月第1版
印　　次	2024年10月第1次印刷
印　　刷	鑫艺佳利（天津）印刷有限公司
书　　号	ISBN 978-7-5155-2555-6
定　　价	96.00元

出版发行	金城出版社有限公司　北京市朝阳区利泽东二路3号 邮编：100102
发 行 部	(010) 84254364
编 辑 部	(010) 64214534
总 编 室	(010) 64228516
网　　址	http://www.jccb.com.cn
电子邮箱	jinchengchuban@163.com
法律顾问	北京植德律师事务所　18911105819